風の人——寺尾勇と飛鳥保存

高橋徹&フロンティアエイジ❖編

Liberal Arts Publishing House
人文書館

風の碑について

この記念碑は大和の「美」をこよなく愛し、
日本人の心のふるさと明日香のすばらしい歴史的な景観を守るため、
保存運動に尽力された寺尾勇先生を偲ぶものです。
先生は地下に眠る千数百年前の飛鳥時代の風景を心象風景として捉え、
目に見える自然景観だけでなく、精神的な風景の重要性を強く訴えられました。
先生が愛された「風」は、その意味を端的に表現された言葉で、
今日の明日香保存を考える上でも重要なキーワードと考えられます。
先生の明日香保存への熱い思いを明日香の風と共に
多くの来訪者の方々に感じとってほしいものです。

平成17年11月吉日

明日香村長　関義清

カバー装画、章扉イラスト
若林佐和子

風の人——寺尾勇と飛鳥保存

目次

第一章 風と共に——縁の下の力持ち

＊文中で取り上げた新聞のうち、全国紙は、大阪本社で印刷された大阪本社版です。

第一章

風と共に

——縁の下の力持ち

【解説】

十年ひと昔というが、時の経過はあらゆるものを忘却の彼方に押しやってしまう。一九七〇年にメディアをにぎわした「飛鳥保存」も、四つも昔のことになる。四十年という時の流れで、この問題に直接深くかかわった人たちは次々と鬼籍に入ってしまった。当時の経緯を詳しく知る人は、今回聞き取りに応じてくれた菅谷文則・奈良県橿原考古学研究所所長のほか、報道する側で関係した私も含めごく限られた人数になったようだ。飛鳥保存は景観保存運動の走りであり、本来ならもっと早い段階でなんらかのまとめの記録を残しておくべきだったのでないかと、内心忸怩たるものがある。その意味で、ほんの片鱗でしかないかも知れないが、寺尾勇さんを通して飛鳥保存を、記録しておくことの意義は大きいのではないだろうかと思っている。

とりこになった心開かぬ謎の美女

フロンティアエイジ編集委員
高橋徹

奈良県は南半分が山岳地帯の吉野、北半分は奈良盆地を囲んで北、東、西に丘陵地が連なる海のない県である。その奈良盆地の南端部付近に明日香村という人口六一九二人（二〇〇九年一一月現在）の村がある。東西の一番長い部分でも、七・六キロ、南北六・六キロほどで、総面積二四〇四ヘクタールという小さな村だが、六世紀後半から七世紀末にかけて、この地は日本の中心となった歴史を持つ。この時期は『万葉集』の歌が数多くつくられた時代で、万葉人たちが詠んだ歌の中に「明日香」「明日香川」「飛鳥浄御原宮」などと地名を詠みこんだ歌も少なくない。それゆえ明日香村は「万葉の古里」とも呼ばれる。

今、明日香村を訪れると、新興住宅地の開発によって激しく変化する隣接地の橿原市や桜井市に比べ、かつてののどかな農村集落の景観が残っていることに気付くことだろう。この村も一九六〇年代には、開発の波がじわじわと押し寄せていた。このままでは昔ながらの景観が破壊されてしまう、という危機感を抱いた知識人たちの呼びかけで一九七〇年に「飛鳥保存運動」が全国的な話題となり、その結果、「古都保存法」による規制の枠を広げ、全村まるごと厳しい開発制限が加えられ、現在の静かな景観が保たれているのである。実は村人が不自由さを受け入れているのは、明日香村だけを対象にした異例の法律「明日香村特別措置法」（一九八〇年公布）によって、その見返りが認められているからである。つまり、「古都保存法」と「明日香村特別措置法」によって、万葉の風土が保たれているのである。

日本の法律は政府が起案して国会で定め、その実施のために地方自治体に条例を作らせて、住民に守らせるというトップダウン方式が大半である。それに対するものとして、住民が対策を身近な自治体に迫って条例を制定させ、やがてそれを国の事業とするために法律が作られるというボトムアップ方式によるものがある。大気汚染防止法、水質汚濁防止法、自然環境保全法、古都保存法など環境保護関係の法律は、すべてこの方式によって生まれた。明日香村特別措置法もまた、「飛鳥古京を守る会（会長＝末永雅雄・関西大学名誉教授）」を中心とした、全国的な飛鳥を愛する人々の強力な支援を背景に、議員立法として制定されたものだった。飛鳥保存の重要性に気付いた国会議員が知恵を絞ったものであり、明日香村の景観は飛鳥を愛する個々の人々の願いの賜物といえるだろう。

二〇〇二年一〇月七日付け朝日新聞朝刊に「飛鳥保存に尽力　寺尾勇さん死去」という次のような訃報が掲載された。

奈良・飛鳥の景観保存に奔走し、辛口の批評でも知られた奈良教育大名誉教授で美学者の寺尾勇（てらお・いさむ）さんが2日（正確には3日午前1時半）、肺炎のため死去した。94歳だった。葬儀は故人の遺志で広く知らせず、親族らで四日に済ませた。喪主は妻栄さん。（略）

国の歴史的風土審議会専門委員として、奈良県明日香村の歴史的風土を守る特別措置法（80年施行）づくりに、同県立橿原考古学研究所長だった故末永雅雄さんらと共に尽力した。飛鳥保存財団評議会議長をこの3月までつとめた。
近年盛んになった古代の景観復元について「仮装行列のようなニセの古代が増えている」などと、辛口の批評も最後まで衰えなかった。著書に『ほろびゆく大和』『大和古寺探求』など多数。

寺尾さんは、飛鳥古京を守る会を立ち上げた一人で、発足後も幹事として名を連ね、飛鳥地方の視察に訪れる国会議員や政府関係者たちの案内役をかってでていた。また、歴史的風土審議会専門委員として、明日香村特別措置法のための資料を提供、特別措置法制定後も、積極的に飛鳥問題について発言してきた。飛鳥保存もすっかり軌道に乗り、一般の人々から寺尾さんの記憶は薄れていったが、メディア界では「飛鳥保存に尽力した寺尾さん」を知る人は、まだ少なくなかったようだ。

明日香村に対して行われた景観保存施策は、国家が巨額の予算を投じて行ってきたもので、決して一個人の力によるものではない。メディアを通じて保存運動を盛り上げ、村や県、国会議員や政府を動かして、その道筋をつけるまでには多くの個人、セクションの人々の努力があった。しかし、民間組織として今も存続する飛鳥古京を守る会はその中心であり、個人としては設立当初に会に名を連ねた末永雅雄、寺尾勇、犬養孝、御井敬三さんらであった。わけても歴史的風土審議会専門委員として、折にふれ記者たちに「飛鳥保存」の情報を発信し、啓蒙活動を続けた寺尾さんの存在は大きい。それを覚えていた記者によって、この訃報が書かれたのである。

だが、飛鳥保存は明日香村が「律令国家の発祥の地」「万葉の古里」であるからこそ、可能だった施策で、決して他の地域のモデルになるものではない。国や自治体の金はあまりあてにならないと考えたほうがいい。

寺尾さんも当初は「受益者負担」、つまり村を訪れる人がお金を出すことで景観を保存できないかと考え、また、有志が資金を提供するナショナルトラスト方式で対応できないかなどとプランを模索していた。その具体策が、一九七〇年三月に発表した「入村する観光客から入村税を集めたらどうだろうか」という案だった。しかし、村人に猛反発を受け、また、同年六月に村を訪れた佐藤栄作首相が、国による保存を約束、さらに一九七二年に高松塚古墳から極彩色の壁画が発見されたことで、村の重要性が政府や官僚たちにも容易に理解されるようになって、国営公園や道路整備事業などの国の施策が次々と進み、「受益者負担」による、保存策は消えていった。その代わりに寺尾さんが力を入れたのは、規制する代わりに「住民の暮らしを守ってほしい」という立場からでの行動だったのである。歴史的風土の保存に関する調査審議する歴史的風土審議会専門委員という立場を生かして、特別措置法制定に向けた世論づくりへの行動だった。二〇一〇年三月七日は、飛鳥古京を守る会が、明日香村で設立総会を開いて満四〇年となる。マスコミの「飛鳥保存キャンペーン」も四〇年前のこの日から、次第に盛り上がっていった。

寺尾さんにとって飛鳥は、初な青年をとりこにした心を開かぬ謎の美女ではないかと思っている。何度となく裏切られて傷つき、離れていこうとするが、生涯その思いを断ち切れずに思いを寄せ続けた美女だったといえるのではないだろうか。この本は、そんな寺尾さんが飛鳥保存について新聞、雑誌などに書いた文章ものを中心にして作成したものである。寺尾さんは数多くの著作を上梓しているが飛鳥保存についてまとめたものはない。飛鳥保存はかなり特異な地域の景観保存ではあるが、わが国の広域な景観保存の先例でもあり、記録として残しておくことに意味があるのではないかと信じている。

寺尾先生と私

薬師寺長老
安田暎胤

寺尾先生と私との年齢差は親子ほど違います。したがって若い頃から先生の活躍ぶりは存じ上げていても話をする機会はありませんでした。ところが薬師寺が昭和四十年代の中頃から金堂をはじめ、諸堂の復興をするに当たり先生との接点ができました。

奈良・京都・鎌倉には歴史的景観を保全するため、法律によって「歴史的風土特別保全地域」が定められました。それで指定地域内に新しい建物を建てる場合は厳しい検査があり、寺尾先生はその「風致保全審議会」の委員のお一人でした。

先生は「大和の美は滅びの美にある。すなわち森羅万象は諸行無常であり、形あるものが時間と共に滅び行くのは自然現象である。その滅び行く姿も美しく、そこに歴史的大和の美があり、新しく手を加えるのは相応しくない」という説を持っておられました。そうした意識が一般の文化人の思いであり私もよく理解できます。すると薬師寺の伽藍復興などは風致を破壊する行為になります。それでも金堂は薬師三尊に相応しい建物にしたいとする寺の強い要望が受けいれられ、建築許可を得ることができました。

しかし西塔は容易に許可が得られず「風致審議会」では慎重審議がなされておりました。一度寺側の意見を聞こうということになり、私はその審議会に寺を代表して出席しました。錚々たる先生方から次々と質問を受けました。その中で寺尾先生の発言が最も多かったのですが、私は先生の発言の中に若い青年のような迫力と情熱を感じ、寺尾先生なら時間をかけて話せば理解していただけると直感しました。そこで先生の自宅まで訪問して薬師寺の将来ビジョンを長々と述べさせていただきました。

その間、先生はずっと腕を組み私の話を静かに聞いて下さっていました。聞き終えて最初に言われたのが「もっと早く貴方にあっておけば良かった。計画に諸手をあげて賛成します。人は寺尾の変節というかもしれないが、貴方の意見に大賛成です」と言っていただきました。それ以後、先生と一層親しくさせていただくようになり、時折先生宅を訪問し、栄夫人と共にご馳走になりました。先生は「風」がお好きなようで、私に「風」という墨書を所望されました。拙筆をお渡しすると額装し畳部屋に飾って下さいました。

先生は飛鳥保存にも大きな功績を残されましたが、将来の飛鳥保存を考え、明日香村を訪れる人から「入村料」を払ってもらおうということを提案されたようです。しかし村民から「われわれは動物園の中の見世物ではない」と拒否されたことを残念そうに語っておられました。明日香村の未来を見据えた案でありましたから、もしその通りの案が実現していれば明日香村の今日はどのようになっていたことでしょう。

明日香村の高台に先生の功績を讃える記念碑が、明日香村の関義清村長の協力を得てできました。そこにも栄夫人のご希望により、新しく書かせていただいた私の「風」の文字が大きな飛鳥石に刻まれました。これにより寺尾先生の飛鳥保存の功績は永く飛鳥の地に伝えられることになりました。寺尾先生と私とのご厚誼の期間は浅いのにもかかわらず、光栄な役を賜ったことを有り難くも不思議なご縁を感じています。

縁の下の力持ちだった

帝塚山短大名誉教授
青山茂

寺尾勇さんと初めて会ったのは、戦後間もないころでした。その後亡くなられるまで、折に触れお付き合いいただきましたが、出会ったいきさつや、年が二〇歳以上も離れており、いくつになっても「尊敬すべき大先輩」という存在でした。「飛鳥保存」につきましては、寺尾さんがどういう形で積極的にかかわり続けたのか、具体的な内容までは存じませんが、大きな役目を果たしたのは疑いのないことだと思っています。

「飛鳥保存」は昭和四五（一九七〇）年春に、にわかに全国的な話題になりましたが、そのときになって突然に問題に気づいたのではありません。それまで寺尾さんらの奈良の一部の知識人たちは、「古都大和の俗化」を憂えていました。そしてどのようにすれば、古文化財と美しい風景が一致した景観が守れるだろうかと、県外の有識者たちとも呼応しながら、さまざまな場で発言を続けていました。飛鳥保存運動は、その延長線上での活動だったと思っています。

初対面のいきさつは、毎日新聞奈良支局の仕事です。昭和二二年か二三年の夏だったと記憶しています。当時私は京大法学部の学生でした。中国大陸から復員したのが昭和二一年夏で、その秋に京大法学部に復学していました。復学といってもこの時期は戦争から戦後の混乱期。旧制高校卒業と大学の入学はかなりルーズになっていました。旧制松山高校三年生のときに学徒動員で徴兵され、卒業試験も受けずに終戦の年の三月に卒業したことになりました。出征する前に、高校卒業後の希望を出しておいたところ、その願いが叶って京大への入学が認められていたのです。

自宅の奈良から大学に通いはじめて、どのくらい経ったころでしょうか。よく覚えていませんが、ひょんなことから和田平四郎という毎日新聞奈良支局長と知り合いになりました。私と同じように松山高校から京大に入った方で、その縁で目をかけてくれたらしく、支局でアルバイトをさせてもらいました。その仕事のひとつに、和田支局長の発案だったと思いますが、「夏山教室」の手伝いがありました。奈良県観光課と共催で、三泊四日か四泊五日ぐらいだったと思いますが、一般募集した人々と吉野や大台の山中で共に過ごし、山を教材にして植物、動物、歴史文化などを学ぼうという企画です。今でいうエコロジーの学習です。その講師の一人として、寺尾さんが参加されました。和田支局長と寺尾さんは京大時代からの知り合いだったとかで、講師をお願いしたようでした。ユニークで思い切った発言をする方だというのが第一印象でした。

私は昭和二三年に大学を卒業すると、しばらく大阪の商社に勤めましたが性に合いませんでした。そんなおり、和田支局長の勧めもあって、毎日新聞の入社試験を受けて二五年に入社しました。阪神支局で半年ほどの試用期間が終わると、奈良支局に転勤になりました。「学術的なことは別にして、奈良の古社寺や風土の現状については、だれにもまけないくらい通じている」と、面接で大風呂敷を広げたのを覚えていた上司がいたようです。それから昭和三六年までの約一一年間は、奈良県を持ち場として記者活動を続けたわけですが、当然のこととして寺尾さんの研究室やお宅によくおうかがいしました。研究室にはいつも女子学生たちがたむろしており、彼女たちと会うのが楽しみだったということもありました。

そのころ歌人の前川佐美雄さん、写真家の入江泰吉さんと寺尾さんの三人は、大変親しく付き合っていました。奈良の古文化や開発による俗化を論じ、本当にことあるごとに顔を合わせていたようです。同人誌でも、という意見もあったようです。そのうちに元小学校の校長さんだった三枝熊次郎さんが、「奈良県観光」という新聞の発刊を志し、前川さんを訪ねたことから、三人はブレーンとなって編集・執筆を支えることになりました。

奈良県観光は、タブロイド判四ページの月刊紙で、奈良の文化的なコミュニケーションを図る場にしようという意気込みで昭和三一年一二月一日に創刊されました。「身の丈にあったものだが、全国に出しても恥ずかしくない新聞」を目指し、平成元年八月一〇日発行の第三九三（さえぐさ）号まで続きました。その前半の二〇〇号ぐらいだったと思いますが、寺尾さんは「観光寸言」というコラム欄を受け持ち、古文化財や歴史的風土の保存問題を論じています。

この新聞の創刊時の私はまだ毎日新聞の記者としても未熟でしたが、「プロとして、新聞の仕事にたずさわっているわけだから、仕事の合間に手伝って欲しい」といわれ、よく走り使いさせられたものです。昭和五一年一月から寺尾さんの後を継いで、私がコラム欄を担当（「大和寸感」）しましたが、それも「お前が書け」の「大先輩の一言」で引き受けさせられました。このように寺尾さんとは長いご縁で繋がり続けました。

飛鳥保存問題につきましても、断片的ですが話を聞き、明日香村特別措置法に向けての審議のための会合に出す私案なども寺尾さんから手渡された記憶があります。具体的なことは忘れましたが、「行政はみごと善処した（注）」などと言っているところをみると、きっと寺尾案もかなり取り入れられたのではないでしょうか。「飛鳥保存」に功績のあった方は、数多いかも知れませんが、強力に縁の下で支えてきた一人が寺尾さんでした。（談）

注――「古代の謎をはらむ地下埋蔵物。牧歌的田園。旧集落、巨石、遺跡、宮跡。これらが眺望と変化に富んだ山裾に囲まれていた。しかし、時代の波、開発、荒廃に襲撃され、危機に直面した。明日香村特別措置法が制定されて十五年。行政はみごとに善処した」（寺尾勇「古代への虹の懸橋」『古都保存法三十年史』所収、古都保存財団）

飛鳥という風景――めぐらすべき精神的な柵

国際日本文化研究センター名誉教授・奈良県立図書情報館館長
千田稔

飛鳥の景観保全は、他の地域に比べてやりやすい面がある。それは、北は開かれているが、西・南・東は山で囲まれているので、都市化の波が押し寄せにくい。だから、寺尾先生は明日香村の周囲に柵をめぐらそうというアイディアを出された。私は、ユニークな方法だと今でも実施できないかと思うが、法的には何かと障害があるのだろう。だから、物理的な柵ではなく、飛鳥に強い思いをもつ者は、むしろ目にはみえない、精神的な柵を常にめぐらすべきではないだろうか。

目にみえない柵とは、飛鳥の地に足を踏み入れるときに、この地が日本の歴史の中で果たした役割に、敬虔な思いをいだくことではあるまいか。ここ、飛鳥で天皇という称号と、日本という国号が生れたという事実は、だれもが共有しなければならない。その事実からしか、今日の日本のあり方についての議論は始まらない。私がいう敬虔な思いとは、日本という国がここで誕生したというだれもが否定できない歴史の事実に対する接し方のことである。その点からしても、飛鳥は守らねばならない。問題は守り方である。

飛鳥について、近年「歴史的風土」ということばが、しばしば使われる。よくわからない言葉である。というのは、飛鳥の土地を歩いていて、何が歴史的風土なのか、まったくわからないからだ。たしかに、飛鳥の風景は、飛鳥立法のせいもあって、俗悪な建築物はなく、棚田の風景も美しい。だが、これは、かつてあった日本の農村の風景である。「歴史的風土」とは、この「美しい」飛鳥の風景のことをいうのであろうか。

「古都における歴史的風土の保存に関する特別措置法」には、「歴史的風土」について「わが国の歴史上意義を有する建造物、遺跡等が周囲の自然的環境と一体をなして古都における伝統と文化を具現し、及び形成している土地の状況をいう」と定めているが、その意味は判然としない。正直、駄文というべきであろう。「自然的環境と一体」をなすとはどういうことだろうかと、自問する。「わからない」。おそらく、周囲の山や川が荒らされてはならないということだろう。「伝統と文化を具現し形成する」とは、どういう意味か。「わからない」。飛鳥時代の伝統と文化を、今の明日香村に見出すことはできない。結局のところ、無傷の農村の風景が、飛鳥の歴史的風土ということであるらしい。

古代の飛鳥の風景は、そのような穏やかなものではなかったはずだ。もっと緊張感がみなぎった空間であったことはまちがいない。まして、水田があったとは、想像しにくい。これまでの史跡公園は、芝生をはり、植林をし、舗装した小道をつくり、人工の木材で垣根をつくるような過保護型の保存の方法が一般的な手法であった。それで、歴史を追体験できるわけはない。たとえば、伝飛鳥板蓋宮跡遺跡に立って、乙巳の変のクーデターを感じ取ることができるであろうか。甘樫丘に立って、蘇我氏の専横を想像できるだろうか。「飛鳥は美しい」という、わざとらしい、甘い言葉に馴化された観光は、飛鳥を伝えてこなかったことになる。観光というのは、場合によっては、裏切り行為となりうることは、関係者が自省してよいであろう。近年歴史観光を地域振興の切り札として産業化に拍車をかける傾向があるが、史実から離れた幻想をいだかせるならば、罪に値する。史跡公園という概念も、大幅に変えねばならない時期を迎えているのではないかと私は思う。そのためには、歴史の事実を再現できるような、劇場型の公園づくりに転換すべきであろう。

「飛鳥保存」の「プロパガンダ」

奈良県立橿原考古学研究所所長
菅谷文則

私が奈良県職員になったのは一九六八年四月一日でした。埋蔵文化財の発掘調査をする技師として採用されましたが、飛鳥保存問題が全国的な運動になってすぐの一九七〇（昭和四五）年四月一日に、思いもよらずそれを担当する県の風致保全課職員となりました。それから二年一カ月、高松塚古墳の壁画発見など、私にとっては忘れることの出来ない数々の経験をつませてもらいました。
　寺尾勇先生が飛鳥保存のいい意味でのプロパガンダの役割を積極的に受け持ったのは、一九六九年に「飛鳥古京を守る会」が誕生したときからだったと思います。同会はもともと橿原市に住む明日香村史編集委員長の辰巳利文先生が発案したものです。辰巳先生はあの有名な佐々木信綱博士の竹伯会に属し、歌人をはじめ、万葉集の研究者や愛好家たちと親交がありました。明日香村は自宅のある橿原市御坊町からは目と鼻の距離です。若いころからそれらの人たちを村に案内して歩いていたようです。

　戦後の経済成長期になって、大阪の通勤圏である同市に移り住む人が増え、住宅開発の波が明日香村との境界にある甘樫丘の西の麓まで及びだしました。それに気付いた辰巳さんはなんとかして昔の景観を守れないだろうかと、岸下利一村長のもとを訪れては、よく話していたそうです。そのころの明日香村は、万葉集愛好者には村の名前を知っている人がいても、一般レベルでは全くの無名の村でした。財政規模は小さいし、景観保存などとても手の打ちようもないとのことで、守る会のような組織をつくってみてはどうだろうということになったようです。動き出したのが一九六九年の初春で、担ぎ出したのが奈良県立橿原考古学研究所所長の末永雅雄先生と、阪大教授で万葉学者の犬養孝先生でした。さらに奈良県在住の人もということで、龍谷大学教授（元奈良教育大教授）の池田源太先生や寺尾勇先生、法隆寺国宝保存事業部で法隆寺諸堂の解体修理をしてきた大阪工業大教授の浅野清先生、京都大学教授の有光教一先生にも委員として加わってもらったようです。会の顧問として、石田茂作、坂本太郎、久松潜一、福山敏男などの八人の錚々たる先生方が名を連ねています。

末永先生は戦前の石舞台古墳から、戦後は飛鳥京跡など明日香村の遺跡調査をしてこられた方です。後には考古学者として始めて文化勲章を受章しますが、研究一筋の方です。先生は私の恩師でもあり大変よく存じていますが、自ら進んで「守る会」のような組織の上に立った運動に乗り出すタイプの方ではありません。考古学界では有名でも、一般の人には名前はあまり知る方も少なかったと思います。先生の名前がマスコミを通して全国的に知られるようになるのは、一九七〇年に朝日新聞が火をつけた飛鳥保存のキャンペーンと、一九七二年春の高松塚古墳の極彩色壁画発見以後のことです。

犬養先生は万葉集の歌を朗々と詠む「犬養節」で、たくさんのファンがあり、全国的に名前が通っていました。寺尾先生は戦前に奈良県視学となって、宇陀高等女学校などで教鞭をとったのち、奈良県師範学校教諭となり、戦後学制の変更で奈良学芸大教授になられたようです。昭和三〇年代ごろから、奈良県観光新聞や大和タイムスを中心に、古都奈良の古代の美の話をよく書いていました。

もっともこの設立当初の飛鳥古京を守る会は、学者が中心でそのうえ目立つことの好きでない末永先生が会長とあって、積極的に活動を繰り広げるというものではありません。当時私は教育委員会文化財保存課の一員でしたが、「明日香村で何か会が出来たらしいなあ。末永先生が会長になるなんて珍しいことだ」という情報を聞いただけで、私はあまり関心もなく、具体的にどんな活動を始めたのかよく知りませんでした。

その年の秋になって、大阪の漢方医の御井敬三さんから、もっと活発的な会にしようと提案があって、末永、犬養、寺尾の四人が明日香村で直接会い、その後の方針を話し合われたようです。マスコミの協力を得るために、お願いしてみようと決まったのは、その時だったのではないでしょうか。この段階で朝日新聞が会の設立を報道したと記憶しています。その後、どういういきさつがあったのか知りませんが、末永・寺尾両先生がそろって朝日新聞大阪本社学芸部長の安竹一郎さんに相談をもちかけたそうです。安竹さんは駆け出し記者のころ奈良支局にいて、末永先生はよくご存じだったようでした。寺尾先生ともあるいはそのころ顔なじみになったのかも知れません。

寺尾先生は、保存問題には歯に衣をきせない意見を述べる方として有名でした。三笠山の温泉郷開発や奈良県庁舎の新築問題などが古都の情緒を破壊すると、「行政は生ぬるい」と、当時の奥田良三奈良県知事批判をしたこともありました。にもかかわらず、県は風致審議会を発足する時に寺尾先生を委員に引き込むのです。なぜ、なのかよくわかりませんが、奥田知事も了解していたことは間違いありません。その後、県の推挙で国の歴史的風土審議会専門委員になりました。そして、飛鳥の「景観保存」ということを、だれよりも真剣に考えるようになったのは、飛鳥古京を守る会に関係するようになってから以後のことではないでしょうか。寺尾先生がもともとは美学者として、若いころから仏像に興味を持たれていましたが、美の対象を広げていったようです。私は同会設立時の七人の先生はいずれも存じていますが、寺尾先生以外に「飛鳥を守れ」などという運動に、積極的に活動しそうな先生はいらっしゃらなかった気がします。

奈良県の飛鳥保存の窓口である風致保全課は、私が配置換えになって赴任するまでは、土木部に属していました。つまり、風致地区内の工事についての許認可業務が中心だったのです。それが企画部に変わったのは、県政のひとつとして積極的に景観保存問題にビジョンを持って取り組むことを目指したものです。課長には今田道彦という大物課長が任命されました。従来の課長は、課長補佐からの昇格だったのですが、今田課長は人事課長と秘書課長を務めた方で、この組織換えには奥田知事の特別な思いがあったようです。そして飛鳥保存の窓口は、風致保全課ひとつにして、最善の施策を目指すように知事の指令がでました。今田課長は奥田知事の意を汲んで、精力的に政府や国会議員、経済団体に盛んに働きかけ、まず一九七〇（昭和四五）年一二月一八日の「飛鳥地方における歴史的風土及び文化財の保存等に関する方策について」の閣議決定を出してもらうために、執拗ともいうべき陳情、説明を続けました。文化財についての専門職は私ひとりだったため、どこに行くにも今田課長のお供をさせられたものです。

私の覚えている限り、寺尾先生から直接、飛鳥保存についての施策などで、申し入れがあったり、教えをうけた記憶はありません。しかし、先生が飛鳥の景観保存は大切だとあちこちで発言し続けてくれたおかげで、飛鳥古京を守る議員連盟の国会議員や、自治省をはじめとする中央官庁、また財界の方々とお会いしたさいに、「ああ、あの飛鳥保存だね」と、知ってくれている方が多く、プロパガンダとして大きな役目を果たしてくれたと思っています。（談）

【コメント】

昭和三一（一九五六）年に、高市、飛鳥、阪合の三村が合併して現在の明日香村が誕生して、現在の関義清村長で六代目となる。初代の脇本熊治郎さんに対しては、「毒舌家」の寺尾さんには珍しく、「大変すぐれた人です」とほめちぎっていた。

昭和四七年三月、明日香村の高松塚古墳から極彩色の飛鳥美人の壁画発見されたことも刺激となって、その後五六年に村の保存事業に協力するために松下幸之助氏を会長とした財団法人飛鳥保存財団が設立され、寺尾さんが運営委員長になった。同財団はやがて、広報誌として季刊「明日香風」を発行することになり、寺尾さんが編集長を兼務した。五六年一〇月号に刊行されたその創刊号に、私は「明日香を守った二人の故人」という小文を寄せた（五九～七九ページに掲載）。二人とは脇本熊治郎さんと飛鳥保存を佐藤栄作首相に直接訴えるテープを作った御井敬三さんである。

「脇本さんがいなければ、早くに明日香村の景観は隣接する桜井市や橿原市のようになっていたはず。創刊号には、その脇本さんのことを、記録としてきちんと残しておきたい。そしてもう一人、御井さんは欠かせない。なんとしても引き受けて欲しい。よろしく」というのが、寺尾さんからの依頼のメッセージだった。

寺尾さんが脇本さんを高く評価していることだけは間違いないが、ふたりが具体的にどのような付き合いがあったのかは分からない。二代目の岸下利一村長時代に、飛鳥保存運動がおき、やがて愛水典慶、上田喜照、杉平正治の三村長を経て、現在の関義清村長となるが、自宅にまでうかがって話を聞くなど、もっとも親しく寺尾さんと付き合いが深かったのは関村長だった。

もし、あの段階で真剣に取り組んでいれば——早すぎた入村税構想

奈良県明日香村村長
関義清

村政について「ああしたら」「こうしたら」と、寺尾勇先生ご自身が私におっしゃったことはありません。しかし、村の歴史的景観を守りながら、そこに住む人々に、どのようにしたらよりよい暮らしを約束していけるのか、その施策づくりについてはさまざまな点で、寺尾先生をはじめとする、明日香を見守って下さる研究者たちの考えを、常に参考にさせてもらっています。現在進めている「明日香村まるごと博物館構想」の基本に、寺尾先生が明日香村の望ましい将来像として考えていたものが念頭にありました。

私は高校卒業後、大阪の鋼板加工の工場で働いた後、村に戻って家業の運送業を手伝い、平成四（一九九二）年五月に村長になりました。それまでは、直接には寺尾先生を存じあげませんでした。体を動かして働くことは、少しも苦痛ではありませんでしたが、営業や経営の経験もなく、そのうえ身近に行政にたずさわった経験のあるものがいなかったことで、村長になった直後は大変でした。難しい行政用語をはじめ、村長としての職務を全うするために必要な基礎知識を学ぶことに、本当に大変な苦労をしました。まさに無からの出発でした。

ましてて明日香村は、ここだけを対象にした国法の「明日香特別措置法」のある全国でも珍しい村で

す。知っておかなければいけないことが余りに多くて、今思い出しても当選後の半年間は、いつ死んでもおかしくないと思うような、心身共に困ぱいした日が続きました。しかし、その甲斐があって、村の枠にとどまらず、さまざまな面から、明日香村というものの全体像を見ることが出来るようになったと自負しています。

明日香特別措置法制定のきっかけとなったひとつが、昭和四五年に飛鳥古京を守る会が中心となって呼びかけ、全国的な話題になった飛鳥保存運動であることも、このときに詳しく知りました。末永雅雄先生が会長で、寺尾勇先生も幹事に名を連ねていたことも気付きました。寺尾先生は明日香村特別措置法の制定にかかわりのある、歴史的風土審議会の専門委員だったこともあって、村長になってからまもなく、親しくお話を聞く機会が増えていきました。

当時、村内では寺尾先生の評価は決して良いものではありませんでした。飛鳥保存運動が盛り上がった時に発表した、村の周囲に関所を作って入村税をとるべきだという「寺尾試案」への反発がまだ残っていました。それが発表された時に、ある有力な村会議員が「われわれを動物園のサルだと思っている」と怒り、「寺尾は村人に蓑笠をつけて百姓したらいいと言った」などという話も、おひれが付いて、村内に広まったからでした。私が村長になったときには、その議員はまだ在籍していました。

村長になって、自らの手で予算を組むようになると、村が独自に入手できる財源が極めて乏しいことに気付きました。「明日香村は特別措置法で、国から巨額の金をもらっている」といわれますが、それは使用目的が定められたもので、村が自由に使える金ではありません。寺尾先生が入村税構想を発表した時に、どうして当時の村当局が真剣にそのアイデアを議論してこなかったのかと、今でも残念に思っています。

村には年間一三〇万人の観光客が訪れます。仮に一人一〇〇円納めてもらえれば、年間一億三〇〇〇万円の収入になるわけです。一般会計の歳入はわずか三〇億円。そのうち半分が地方交付税という村にとっては、全く惜しい財源です。それで私はその村会議員に「あの反発で、せっかくの村税収入の方策が失われた」と皮肉を言ったことがありました。

もちろん、先生にも問題がなかったわけではありません。歴史的風土審議会に試案を送付したと、記者たちに語ったことが記事になって、村人たちが知ったわけです。新聞記事ですから、その内容は「村の周囲一三カ所に関所をつくる。入村税三〇〇円」などという断片的なものだったようです。それで「おれたちはサルではない」と反発が起きたのでしょう。村人側には、先生が国の歴史的風土審議会の専門委員で、単なる絵空事のプランではなく、実行されると生活が窮屈になるという思いもあったようです。先生は、「受益者負担」「村人の利益のため」という思いの構想だったので、あんなに厳しく批判されるとは思わなかったのでしょう。前もって村側にも伝えておいたうえで発表されたのなら、それほど反発はなかったかもしれません。

今の時代なら、「入村税」というのは、十分検討するに値する試案だったと思います。ただ、発表した時期が少々早すぎたようです。つまり、時代を先取りしすぎたので、理解が得られなかったのではないかと思っています。もちろん、寺尾先生の構想のように、周囲に関所を置いて、入村税を徴収することは困難でしょう。でも、それに代わって、入村するすべての観光客から、確実に収入が得られる方法がないのかなどと、議論を進めていけば、きっとすばらしいアイデアが浮かんだと思うのです。

国営公園づくりや資料館建設など、これだけ国から金が投入された今となっては、入村税などと言い出しては、それこそ今度は村外の人から非難囂々となるので、今さらどうしようもありません。誠に残念です。しかし、私はこういうアイデアを出す寺尾先生に、なにか惹きつけられるものがあり、お亡くなりになるまで、親しくお付き合いさせていただきました。（談）

モーツァルトを聞きながら仏像拝顔

株式会社朝日旅行
林　彰

寺尾先生はご自身のことを「美学者」であるとされていた。この世界の森羅万象の美を求めてやまない姿勢を貫いておられたのだと思う。

先生と朝日旅行会のお付き合いは二一年の長きにわたった。株式会社朝日旅行会（現株式会社朝日旅行）の個人型募集旅行に先生が講師として同行されたのは、私がまだ入社していなかった一九七七（昭和五二）年一〇月三〇日の「古寺交響詩〜私の好きな古寺〜」が最初だった。

仏隆寺の十一面観音、大野寺の磨崖仏、室生寺、竜穴神社そして毛原廃寺の礎石群を回るコースで、夕暮れ時の、草に埋もれた廃寺の礎石を見ながら、独特な語りでお客様を魅了したと聞いている。

当時は、講師が同行する旅行はまだ珍しく、ましてや大寺院でもない、礎石だけを見に行くツアーなどどこの旅行会社でも企画していなかったことと思う。夕暮れに毛原廃寺に着くように、時間にもこだわったツアーだったそうである。

しかしこの一風変わったツアー「古寺交響詩」の人気は驚異的で、徐々に最も予約の取りにくい朝日旅行会の看板ツアーとなっていくのである。

私が前担当者と一緒に「古寺交響詩」の担当をするようになったのは、一九八三（昭和五八）年秋頃からである。寺尾先生はその翌年一九八四（昭和五九年）に大病に見舞われて入院されたが、退院されると一まわりスリムな体になって、ツアーにも復帰された。

それから古寺交響詩が最終回を迎える一九九八（平成一〇）年一二月六日まで、さまざまなテーマでご一緒させていただいた。ある日は長崎の隠れキリシタンのおばあさんのお話に涙し、またある日には、屋久杉の巨木にみんなで抱きついて木の中の音に耳を澄ませ、北は北海道・知床から南は西表島まで旅をした。

先生が特に好まれたのは、やはり大和を中心とした畿内の寺だったと思う。

先生の大好きだった寺の仏像は、聖林寺の十一面観音像、法華寺の十一面観音像、秋篠寺の伎芸天像、そして石道寺の十一面観音像である。聖林寺像を除くとどちらかといえば女性的な優しい感じの像である。モーツァルトを聞きながらそんな仏像を、何時間でも眺めておられる事が大好きな先生だった。

逆に好まれなかったのは日本の都市の景観など人工的な造形物だ。町並みの派手な色の看板やネオン、空中に張られた電線というものに特に嫌悪感を抱いておられた。東ヨーロッパの石畳の町並みにはあこがれのような好印象を抱いておられたようだ。日本の町並みをぶっ壊したいとよく言っておられた。

最後のツアーで先生が選ばれたのは、山の辺の道だった。玄賓庵近くの夕暮れの農道を一人で歩いて去っていくという風景を演出され、ビデオにも収めたのだが、孤高の美学者の背中がだんだん小さくなっていくのを、最終回のツアーのお客さまと見送ったことが忘れられない思い出である。

寺尾飛鳥ファン

自らを「毒舌家」と称し、歯に衣をきせぬ発言を続けた寺尾だったが、多くのファンがあった。その大半は文化講座・講演会や主宰した旅行を通じて、寺尾を知った年輩者たちだった。奈良教育大学で定年を迎えた後には、関西外国語大学の特任教授や山口大学、天理大学などの非常勤講師やＮＨＫ大阪文化センター、大阪朝日カルチャーセンターをはじめ、乞われるままに「寺尾美学」の講義をしていたが、中でも天理市で開かれた「郷土文化講座」は一九七二（昭和四七）年から一九九七（平成九）年まで、朝日旅行会の「古寺交響詩」は、一九七七（昭和五二）年から九八年（平成一〇）まで続いた。

ふたつのこの催しは、いずれも月一程度の頻度で開かれていたが、たった一人でこれほどまで長期に及んで講師役を務めたのは珍しいことだといえる。天理の講座での熱心な受講生だった東田寿子さん(八四)は、その思い出を次のような文章にしたためて寄せてくれた。

縁あって寺尾勇先生にお会いし、それまで一度も経験することのなかった新しい世界を見ることができました。そうでなければ、何も知らずに人生をむざむざと送ってしまうところでしたでしょう。先生のお話を通じてさまざまなことを学び、自主的にさらに勉強するという楽しみも見つけることができました。有意義に生きる道を開いてくださったのです。

私たちが天理で続けていた寺尾先生を囲む自主講座は、昭和四七年に市役所が企画した文化講座への参加者が、話の内容に感銘してもっと続きを聞きたいと、独自に会を組織して開いていたものです。「大和が好きだから」「天理が好きだから」と、お忙しい中を二五年間、毎月一回神戸から天理まで足を運んでくださいました。

講座のタイトルは「仏像の心と形」でしたが、古美術や古建築などの文化遺産だけでなく、時には『万葉集』『源氏物語』をはじめとする古典の世界に及び、また芭蕉や堀辰雄の歩いた道についてなど、話題は実に広範囲でした。どこの本にも書いてない内容を、ロマンに富んだ語り口で披露してくださり、私たちはその話に酔いしれたもので、毎回の出席がとても楽しみでした。会員が互いに協力しあって、ふるさとの文化と歴史を学習し、より専門的な教養を身に着けると共に、自らの生きがいを創造することを目的とした学習講座であってほしいというのが先生の願いでした。

もっとも、最初はただ郷土の文化を知りたいという軽い気持ちで参加させていただいたのですが、講座の回数が重なるにつれて、社寺仏閣を背景とした風物、仏像、彫刻などが、私たちの心の糧となることに気づかされ、今では大和の風物を忘れて私たちの人生はないと思えるようになりました。例えば何気なく見ていた古建築や拝んでいた古代仏像も、それが造られた時代背景を知って接すると、また別の感動が得られます。大和に住む私たちの周囲には、そうした感動を与えてくれる文化遺産が、数限りなくあることを徹底的に教えて下さったのです。

御蔭様で、今の私は夕日を見てはその美しさに、仏像に対面して体のしびれるのを覚え、それに語りかけたい思いをすることがしばしばで、古代文化の宝庫のこの大和に住める幸福と生きがいをしみじみと感謝しています。参加者は常に五〇人余りで、天理でこんなに長く続いた人気のある講座は他にありませんでした。

寺尾を案内人として、実施された旅行社の古社寺をめぐる旅については、一九九八（平成一〇）年一二月七日付の朝日新聞奈良版に次のような記事が掲載されている。「古都の美永遠に…」「二一年間に二四三回『古寺交響詩』の旅に幕」「寺尾勇・奈良教育大名誉教授」の見出しが付き、天理市の長岳寺境内の石棺仏を前に、参加者に解説する写真が添えられてある。

独特の美意識と辛口の批評で「古都奈良の美」を説く寺尾勇・奈良教育大名誉教授（九〇）を案内役にした、古社寺をめぐる旅「古寺交響詩」（朝日旅行会主催）が六日、二一年の幕を閉じた。月に一度、県内の社寺を中心に催され、二四三回を数えた。参加者は延べ二万人を超える。最終回のこの日は、山の辺の道を巡り、奈良市内で寺尾さんが記念講演した。

寺尾さんは、一九七〇年代、政府の歴史的風土審議会専門委員として、明日香村の景観保全運動にかかわり、八〇年の「明日香村特別措置法」の制定に奔走した一人。「景観や建物、仏像は、滅びていこうとする中に、最も美しい姿がある」とする「滅びの美学」を説いてきた。「古寺交響詩」は、哲学者和辻哲郎の『古寺巡礼』で固定化された美学に陥らず、観光ではあまり注目されていない社寺や石仏などを幅広く訪ねた。寺尾さんの歯に衣着せぬ語り口は多くのファンの心をとらえた。

最終回の参加者は三三人。「最後はやはり大和の原点、山の辺の道で締めくくりたい」と、天理市の石上神宮や長岳寺などを見学した。午後からは奈良市内の料亭で、これまでの旅で撮影したビデオやスライドを交えながら、六〇人を前に講演。「古都奈良の文化財」が世界遺産に登録されたことについて、「目的はあくまで景観の保全。原始的風景と木造建造物を守っていくことを世界から要請されている」などと話した。

さらに「和辻先生へのあこがれから二一年も続けてきたが、体力が続かなくなった。今後もだれかが古寺の魅力や景観保全の大切さを語り続けてくれることだろう」と締めくくった。

第二章

大和のこころと歴史的風土を守る

——飛鳥保存キャンペーン

【解説】

飛鳥保存が大きなうねりとなって、全国に広まったのはマスコミのキャンペーンに負うことは疑いないが、そのための情報発信を続けたのが寺尾勇だった。寺尾は一九六六年五月に総理府歴史的風土審議会専門委員に任命されると、積極的にマスコミに登場して、明日香村の景観問題について語った。それを新聞がどのような形で取り上げたのか、一九七〇年までに限ってそのほんの一部を五二〜五五ページで紹介する。飛鳥保存問題に関係したのは、明日香村や奈良県だけでなく、国会議員、文部省、建設省、総理府といくつもからんでいたことから、なかなかまとまって情報を得ることが難しく、新聞記者たちにとって、寺尾は得難いニュースソースだったのである。歴史的風土審議会専門委員、観光政策審議会専門委員、奈良県風致審議会委員などでもあり、次々と保存に関する情報が入っていたからだ。奈良県が飛鳥保存の窓口を風致保全課に決め、そこに情報を集中させたのは、佐藤栄作首相の明日香村来村が間近になったころだった。そんな意味では、飛鳥保存に対する寺尾の功績は決して少なくないが、その寺尾は飛鳥の景観を守るのに本当に大きな貢献をしたのは、元明日香村村長の脇本熊治郎氏と漢方医の御井敬三氏の名をあげた。

朝日に持ち込まれた飛鳥保存

フロンティアエイジ編集委員
高橋徹

一九七〇（昭和四十五）年二月上旬の夕方だった。朝日新聞大阪本社編集局の学芸部長席の横で、一人の初老の男性と出会った。丸顔で、前髪はやや後退して額は広くなっていたが髪は黒々。黒縁の眼鏡の奥に穏やかな眼差しがあった。ネクタイの柄や色は忘れたが、茶系統のスーツを着こなし、「年齢の割りにおしゃれな出で立ちの人だ」と思ったのを覚えている。「今からレクチャーしてもらう寺尾勇先生です」と、安竹一郎・学芸部長から紹介された。それが私と寺尾さんの初めての出会いである。

当時、私は朝日新聞奈良支局員だった。「飛鳥の勉強会をすると、本社から言ってきたのを、伝えるのを忘れとった。今からちょっと本社に顔だしてんか。安竹さんとこ行ったら分かる」。昼過ぎに奈良県庁の文化記者クラブに、岡本俊夫支局長から電話があり、あわてて駆けつけたのである。社会部、学芸部、通信部などの出稿部の他に、紙面編集をする整理部なども出席した勉強会だった。

「寺尾勇さんは、奈良教育大教授で総理府の歴史的風土審議会専門委員（注1）。今の飛鳥の景観をなんとか保存できないかと努力されている方です。本社としても飛鳥保存に協力したいと思っている」。そんな趣旨のことを安竹さんが話した後、寺尾さんから「飛鳥の保存がなぜ大切か」のレクチャーを受けた。後に聞いたところによると、奈良県立橿原考古学研究所所長の末永雅雄さんと寺尾さんが「飛鳥保存の大切さを、新聞に書いてもらおう。頼むなら朝日だ」と相談して、安竹さんに話を持ち込み、その結果開いた勉強会だったそうだ。安竹さんは駆け出し記者のころ、奈良支局に勤務しており、二人とは旧知の間柄だった。

この日の勉強会は三時間以上に及び、先輩記者たちが次々と寺尾さんに質問を重ねていた。しかし、そのころの私は古代史の舞台としての飛鳥についての知識は乏しく、寺尾さんの熱弁をぼんやりと聞いていた。「飛鳥保存に関することなら、なんでもいいから原稿にして、本紙（注2）に出してくれ」。帰り際に、安竹さんに呼び止められ、そう声をかけられた。私が奈良県の飛鳥地方に強い関心を持ったのは、この日以後のことである。

その時の私は京都新聞から朝日新聞に転じて、まだ二カ月足らずのころだった。その一年半ほど前に、NHKブックスから共著ではあるが『長岡京発掘』（日本放送出版協会）という本を出していたせいで、文化記者として役に立ちそうだと判断され、奈良支局に配属されていた。社内研修などもあって、朝日新聞記者として記事を書き出して、二十日ほどしか経っていなかった。

私の大学での専攻は農林経済。新聞記者になるまでの歴史の知識は、高校で習ったことがすべてだった。『長岡京発掘』の中で、私が書いたのは、発掘調査に打ち込む研究者たちから聞いた、調査にまつわる苦労話のまとめである。おかげで長岡京時代の、中央の歴史の流れはなんとか頭に入っていたが、それより百年以上も前の飛鳥時代のことは、高校生の教科書の知識を出ていなかった。飛鳥を舞台にした万葉の歌が数十首もあり「万葉の古里」であるということを始めて知ったのも、この勉強会だった。

知恵を借りた奈良版連載「飛鳥」

飛鳥勉強会の翌日、県庁の文化記者クラブに寄る前に奈良支局に顔を出すと、岡本支局長が待っていた。「昨日はどんな話やった」「メンバーは」などと聞かれ、報告していると、突然に「連載ものできへんか」と言いだした。「実は本社は、明日香村で保存と開発をめぐる住民意識の調査を考えているそうだ。わが方（奈良支局）としては、保存に協力するという方向で飛鳥の記事を載せ続けたい。検討してみてくれないか。スタートは三月十四日や」という。「えっ、連載ですか」。思わずそう聞き返した。奈良支局員として記事を書き始めてから一カ月も経っていず、飛鳥どころか奈良のこともほとんど分かっていなかった。「そうや。考えてえな。お前さんなら数十回分ぐらいなんとかできるやろ。頼んだで」と笑顔を向けた。三月十四日から、朝日新聞は地方版を二ページに増やすことに決まっており、その記念となる売りのものにしたいというのである。

そこまで買いかぶられると、後には引けなくなった。そのときひらめいたのは、安易な発想だが長岡京研究者に聞き書きした『長岡京発掘』と同じ手法で、新しく明らかになった飛鳥の古代史を紹介することからスタートさせたら、なんとかなるだろうと考えた。だが、なにぶん奈良の古文化財については、それまで東大寺や法隆寺などの有名社寺以外に訪れたことがなかった。案内書、研究書などの情報があふれた今日と違って、そのころの飛鳥地方は、古代に都があったが、「今は何もない鄙《ひな》びた田舎」でしかなく、紹介した資料は極めて少なかった。それでだれに何を聞けばいいのか分からず、思いついたのは、前夜会ったばかりの奈良教育大学の寺尾さんに知恵を借りることだった。「そうですか。連載をはじめますか。とにかく、いらっしゃい。話しているうちに、良いアイデアもでてくるでしょう」。電話の向こうの声に励まされ、ほっと安堵したのを今でも覚えている。

日時ははっきりしないが、その日かその翌日午後、大学の研究室を訪ね、前回の「飛鳥勉強会」の続きのレクチャーを受けた。今度は個人レッスンだった。そして「宮跡の調査は、末永さん。飛鳥寺や川原寺跡の調査は奈良国立文化財研究所の坪井清足さん。万葉集は大阪大学の犬養孝さん。文献資料と遺跡の関係は近鉄歴史教室の田村吉永さん。まず、ここらへんの人たちに会ってから、具体的な内容をつめたらいいのではないですか」と、アドバイスがあった。こうして奈良版連載「飛鳥」のコンテンツが決まり、二月十六日に開いた支局員会に報告した。とりあえず五十回ほど続けることにして、第一部は「遺跡は語る」、第二部は「魅せられて」とサブタイトルをつけることとした。

「遺跡は語る」は、残された遺跡を通じて、古代飛鳥の歴史を描き、「魅せられて」は、そのころから増え出した「飛鳥ファン」たちに的をしぼって、全国的に広がりだした「飛鳥保存」の動きを追ってみようというものだった。「飛鳥保存」に、支局員全員に関心を持ってもらうため、手分けして執筆に当たることにした。岡本支局長からは前もって、全員に話がついていたようで、その日のうちに第一部三十回分の筆者割り当てを、全員に納得してもらえた。そのさい、第一回については「いいだしっぺが責任を持つべきだ」と、支局長に強引に引き受けてもらった。連載「飛鳥」は、その後第二部「魅せられて」、第三部「村に生きる」、第四部「ひきつぐ姿」と計百回続いたが、私は九月一日付で大阪本社学芸部に転勤となったため、第三部の連載後半から執筆メンバーから外れてしまった。それでもこの連載には愛着があり、奈良版に目を通し続けた。その最終回の十一月四日は「未来」というタイトルで村の将来について、次のように「村民の暮らしを守る」具体策としていち早く提示した寺尾試案に一定の評価を与えている。

飛鳥保存に関して、関係者の一致した点のひとつは「飛鳥は従来の点の保存ではなく面でなければ意味がない」ということである。そして、この考え方は、程度の差こそあれ、そこに住む多くの住民の生活を圧迫することは避けがたいと一般に考えられる。たとえ公園に住めても、生計をささえるだけの農業収入は利用地が減る場合、当然減ってゆくことは明らかである。住民の生活をどう保障するか。都市化する現代の風潮のなかで、自然と遺跡を守る手だてはあるのか。「動物園のサルやない」と反発を受けた奈良教育大教授寺尾勇さんの私案にある「受益者負担」(注3)。つまり入村料をとり、村民に還元する方法は早くからこの問題に着目していた。しかし、この方法は必然的にマスレジャー化への危険をはらんでいないだろうか。「むしろ、国が金を村へ出すべきだ」との村民会議の発言が、当然といえるだろう。(要旨)

注1——一九六六(昭和四十一)年に施行された「古都における歴史的風土の保存に関する特別措置法」第一六条に基づき、総理府に設置された審議会の中で実質的な調査を担当するメンバー。
注2——朝日新聞の場合は、ニュース報道面の中で、1面や社会面などの地方版以外の面をそう呼んでいた。
注3——「動物園のサルではない」と反発された寺尾私案は、「入村料」を「駐車場収入」へと修正された(六

月十五日）が、「入村者の受益者負担で、村人の生活を守る」という根底は変化していない。

飛鳥保存キャンペーン

奈良版の連載「飛鳥」の準備で、あちこち走り回っているうちに「飛鳥古京を守ろう」という動きが少しずつ、見えるかたちで動き出しているのを知った。二月二十一日には、建設省から二人の技官が明日香村の住民意識調査を行うための協力依頼に、県庁と同村を訪れた。三月七日、同村高市小学校で「飛鳥古京を守る会」の初の総会が開かれる。三月十五日、今日出海文化庁長官が同村を訪れる。つぎつぎとニュースネタが届き始めた。しかし、この段階ではまだ、朝日新聞以外では「飛鳥保存」関係の記事の扱いは地味だった。

四月十六日付朝刊の朝日新聞社が明日香村と隣接の橿原市のうち藤原京跡、大和三山地方を含む六投票区の選挙民を対象に、保存と開発に関して実施した、おおがかりな「住民意識調査」の結果を発表した。その紙面を見てはじめて、「飛鳥勉強会」で安竹一郎・学芸部長が「本社も飛鳥保存に協力したいと思っている」と、言っていたのがこれのことだったのかと理解した。大阪本社をあげて取り組む「あすの西日本キャンペーン」のひとつで、関係記事は社会部が担当したものだった。

その紙面は、1面になぜ本社が住民意識調査を行ったのかということのほか、「六〇パーセントの人が、保存には関心があるが、ほとんどが国の保護政策は役に立っていない」といったおおまかな集計結果を紹介。「飛鳥　岐路に立つ」として、11面全部を使って、細かいデーターを報告。さらに12、13面の見開きで「苦悩する飛鳥　保存への提言」と題する座談会を掲載していた。飛鳥古京を守る会会長の末永雅雄・奈良県立橿原考古学研究所長が司会して、網干善教・関大助教授、寺尾勇・奈良教育大教授、西山夘三・京大教授、吉村正一郎・奈良県教育委員長たちが、熱心な討議をしたものの紙面への採録だった。

四月十七日に寺尾さんによる有料公園化による保存という「寺尾試案」の発表。同二十一日、奈良県は主要遺跡の買い上げと、古都法特別地区の拡大による保存を前提とした「飛鳥・藤原地域長期保存開発構想」を発表。同二十二日、三笠宮殿下が同村へ。五月八日、大阪中之島関電ホールに作家の松本清張氏を招いて、朝日新聞社と「飛鳥古京を守る会」共催の講演会。五月二十日には東京で、自民党国会議員の飛鳥古京を守る議員連盟設立総会。次から次へと、飛鳥保存がらみのニュースが発生して、朝日新聞以外にも次第に「飛鳥保存」を訴える記事が目立つようになった。たとえば毎日新聞は五月二十二日付夕刊で「まだ間に合う保存　歴史と緑の飛鳥」という見開き特集、読売新聞も同二十九日付夕刊で「どう守る日本のふるさと　飛鳥」という特集ページを作成するなど、マスコミ界あげての飛鳥保存キャンペーンとなった。この騒ぎは六月二十八日、佐藤栄作首相が明日香村を訪れるまで続いた。その佐藤首相が甘樫丘に上って「国見」をしたさいには、寺尾さんも説明役としてそのわきに立っていたのである。

マスコミによる飛鳥保存騒ぎは、佐藤首相の明日香村訪問を境に急にさめていく。その後、明日香村に再びメディア関係者が殺到するのは、それから一年九カ月後の高松塚古墳から極彩色壁画が発見された一九七二年三月末以後のことだった。話は先走ったが、佐藤首相が訪れて半年近くたった、十二月十八日に、「飛鳥地方における歴史的風土及び文化財の保存等に関する方策」が閣議決定され、それに基づき総事業費として約六十九億円の予算が計上された。そのことによって、「飛鳥は保存された」という空気がさらに広がり、マスコミの飛鳥保存への関心は薄らいでいった。しかし、その閣議決定によって決まった事業の主なものは▽古都保存法、文化財保護法による指定地区の拡大、買い上げ▽飛鳥川の整備▽国立歴史資料館設置▽石舞台、甘樫丘、祝戸三地区に国営公園の設置▽ゴミ焼却場新設▽駐車場(四カ所)、周遊道路(約七キロ)▽総合案内所の新設▽保存財団の設立などの、ハード事業が中心。規制の代償として、住民の暮らしをどのように守るのかについての対策は先送りされてしまった。

こうした「飛鳥保存」の流れに心を痛めていたのが寺尾さんだった。その後も村民の暮らしを守るための「明日香特別措置法」の制定を訴え続け、大きな役割をになった一人といっても過言ではないだろう。足がかりにしたのが専門委員を務める総理府歴史的風土審議会だった。その審議会の答申に基づき、念願の「明日香特別措置法」が公布されるのは、「飛鳥保存」キャンペーンから十年経った、一九八〇年五月二十六日のことであった。

飛鳥保存の五年

奈良版の連載企画「飛鳥」では、その後も何度か知恵を借りたが、寺尾さんが私に特別な好意を持ってくれるようになったのは、一九七五年五月に朝日新聞に「飛鳥保存の五年」という特集を作成したことからだった。それまでは知恵を拝借したいときには応えてもらえる大学教授と、新聞記者という取材者と取材される側の関係でしかなかった。ところが、私が執筆した特集面の記事に「飛鳥についての思いは、私と同じなんですね」と大変ほめてくれ、それ以後折にふれて電話をもらい、大阪に出てきた時にはお茶に誘ってくれるようになった。

当時の私は、大阪本社の学芸部記者として、日々の取材に追われており、寺尾さんに直接会う機会はなかった。とりわけ高松塚古墳の発見を境に、全国で相次ぐ新しい発掘や発見の報道が相次ぎ、「考古学記者」としての取材に振り回されていたからだ。

「飛鳥保存の五年」という特集紙面が掲載されたのは、一九七五年五月二十八日夕刊だったが、それには寺尾さんの「手作りの温かさを」という短い寄稿原稿が載っている。今、読んでみると「なるほど、私と同じ」と言った意味がよく理解できる。原稿を直接依頼したのは私だったが、当時の文化面担当デスクが「寺尾先生に寄稿してもらうように」と指示があったからで、こういう内容のものを書いてほしいと頼んだわけではなかった。「飛鳥保存から丸五年経った。うち（朝日新聞）としては、ちゃんとフォローすべきだろう」という学芸部長の発案で、いきさつを知っている私が担当し、寺尾さんには「今の思いを書いて下さい」とだけお願いしたのである。

❖ **特集「飛鳥保存の五年」**

特集は「変わりゆく『万葉の風土』」「国の事業、景観損なう」「住民対策も新立法待ち」の三本の見出しの付いた私の記事と、「五年間の軌跡」という長いメモ、それに千字余りの寺尾さんの寄稿文からなる八段を使った大きな紙面だった。それは次のようなものである。

歳月が過ぎ行くのは、あまりにも早い。万葉人のロマンを伝える奈良県飛鳥地方の保存運動が盛り上がって早くも五年――。四十五年の今ごろ、新聞紙上に「飛鳥」の字が登場しない日はなかった。その熱気は、六月末の佐藤首相（当時）らの明日香村視察まで続いた。その後、高松塚古墳から極彩色壁画が発見され、飛鳥保存に寄せる関心は、むしろ薄らいだ。しかし、この間も保存事業は着々と進められてきたのである。飛鳥保存。それは文化遺産保護の大きな試金石であるといわれた。五年たった今、飛鳥は私たちの期待にこたえ、果たしてモデルとなり得たであろうか。

列柱の墓標

五月のある日、近鉄八木駅から飛鳥路史跡めぐりの定期観光バスに乗った。甘樫丘―飛鳥資料館―飛鳥寺―石舞台に寄って約十七キロを三時間で回る。発車は午前九時半、午後一時半の二回。飛鳥資料館休館の月曜日は橘寺と川原寺がそれに代わる。

ガイド嬢の説明に聞きほれながら、五年前足しげく通った飛鳥を改めてながめた。しかし、その名調子とはうらはらに、感激もわかなければ、心は一向になごまない。まずなによりも、あの当時、定期の大型観光バスで、明日香村内を手っとり早く見物できようとは思ってもみなかった。

道幅は狭い。だからこそ、車公害が及ばず、昔の良さが保たれている。飛鳥は歩くか、せいぜい自転車で訪ね、自らの行動で古代人の生活をしのび、感じるところである。そのため現在の環境をどのようにして後世に残すか、それが保存の課題であったはずである。

翌日、貸し自転車を利用して、ひとりバスコースからはずれた場所をめぐった。だが、バスで体験したあのいいようもない違和感―私たちの期待した飛鳥保存はこういうものだったのかという感情はますます鮮明になるばかりだった。

明日香村内を発掘すれば古代の遺跡や遺構がみつかる。それを世に知らせた飛鳥板蓋宮伝承地には、墓標のような列柱が並ぶ。川原寺周辺は広々とした公園となり、建物の柱跡には合成樹脂で作ったまがいものの礎石が「整然」と復元されている。拡幅された同寺前の県道は、車がひっきりなしに走る。桜井市から吉野町に抜ける格好のバイパスとなったからである。交通混雑の激しい橿原市内を通過するより、十五分近くも時間を短縮できるとか。景観との調和を無視した民家の新増改築工事も相変わらず進んでいる。俗悪な安っぽいみやげもの屋の数もふえた。

認識は高まる

遺跡遺構にもまして、人々をこれほどまでに飛鳥に引きつけるのは、その風土が豊かに『万葉集』にうたわれているからである。『万葉集』に最もよく登場する地名はいうまでもなく大和だが、その九百件のうち四分の一近くに飛鳥が登場する。「万葉の風土」といわれるゆえんである。

飛鳥をどう守るか——。さまざまな案が出て検討されていくなかで、基本をなすのは「遺跡遺構」「景観」「住民の暮らし」の三つをどう守るかであった。破壊をチェックできる指定区域は拡大され、明日香村にも文化財保存課ができた。「飛鳥の地下は、いたるところに文化財を埋蔵している」。高松塚古墳の壁画発見なども幸いして、そうした認識が高まった。国や自治体の対応策もまずまずだ。だが、景観になると問題が多い。まず、保存事業そのものに対する疑問。「万葉の風土がめちゃくちゃになった」。声を荒立てて、ひたすら国のやり方を非難する人も多い。「確かに大きく変わった。昔の方がいいと思う。しかし、現行法のワクの中で他にどんな方法があるのだろうか」という有光教一京大名誉教授のように、橿原考古学研究所関係者の中にも、国の保存事業に同情的な学者は少なくない。

怒りの声をあげる人にも、代案となるものはなさそうだ。

素朴さの変化

保存事業による景観の変更。確かにそれは飛鳥を変えた大きな原因だが、一方、民間人による景観破壊も無視できない。古都保存法、風致条例による指定区域は拡大され、明日香村内に限ると、規制を受けない地区はごくわずかになった。だが、法や条例の網の目をたくみにくぐった建造物が相変わらず建てられている。たとえば、天武・持統陵西側の景色をだめにしていま話題になっている民家の建築など、正式許可を得て「万葉の風土」を踏みにじる建造物はあげれば際限がない。

では、住民対策はどうか――。「これまでは保存事業が中心で、いずれも外から来る人のためのもの。土地は買い上げられ、規制は強まったなどで、村民にはあまり利益がない。住民対策はこれからで、特別立法の成立に期待している」と岸下利一村長はいう。

岸下村長は先日、文化庁に公衆便所新設の陳情に行った。年間百万人もの観光客が来村するのに、備えは全く十分ではなかった。そのため史跡周辺農家に「し尿公害」を及ぼし、村は突き上げに頭が痛い。土、日曜日ともなると、二千台近い自転車が村内をかけめぐる。勝手気ままに駐車する。素直に飛鳥保存運動の盛り上がりを喜んだのは、観光客相手の寺社とみやげもの屋、飲食店、サイクリング業者だけのようだ。「すべてはこれから」と、保存対策の第二ラウンド開幕を待っているのが現状である。その幕あけとなるのが「飛鳥地方の整備に関する特別措置法（仮称）」と呼ばれるもの。農業所得税の免除、指定農産物栽培農家への補助、景観保全の建築に対する補助など、おいしそうな内容がもり込まれている。「飛鳥地方の住民だけが特別の恩恵を受ける法を作れば、他の地方にも波及する」という大蔵省の意向などもあって、どういう法案になるか、まだ十分固まっていないが、飛鳥古京を守る議員連盟のメンバーによって検討が進められている。

五年前に比べて、景観の変化以上に印象的だったのは村人の心の変わり方だった。同じ公共事業として道路に提供した土地の価格が、場所の違いがあるにしても二、三十倍にはねあがった。否定はするが、確かにぼろもうけをした人がいる。そして買い上げの対象にもならず、保存事業、飛鳥ブームとかかわりのない村人と、所得格差が開きはじめている。「飛鳥人は素朴でやさしい」。かつてそういわれた村人の間に、さまざまな思惑が入り乱れている。「おカミのいうことを聴けば間違いない」といっていた素朴さが、「われわれのためにおカミはあれも、これもすべきだ」という〝素朴さに〟変化した。

理念の確立を

五年前に期待した飛鳥保存はこんなものではなかった―。飛鳥古京を守る会の人々を始め、飛鳥問題にコミットした学者・文化人の多くは、こういう。だが、最も非難が集中している保存整備事業でも、歴史教育の立場を考慮すれば、あの墓標のような柱跡をつくることしか方法は考えられなかったのだろう。保存事業が開発事業のようになったのも、またやむを得ない結果である。問題は保存に対する理念がなく、保存事業の見通しとシステムがまだわが国では確立していないことだ。

飛鳥保存の五年をかえりみて、それを一口でいうなら「飛鳥はモデルにならない」ということ。広域にわたる景観を含めた文化遺産を、そこに住む人々と共に守る試金石として注目されてはきたが、飛鳥はあまりにも特殊な例でしかなかったということだ。ただ、良きにつけ悪しきにつけ、われわれが飛鳥保存から学んだものは実に多いといえよう。

メモ
五年間の軌跡

〈開発に危機感〉

飛鳥保存のきっかけとなったのは、隣接する橿原市の無計画な市街化計画だった。明日香村の西村境にあたる橿原市和田、石川、大軽、見瀬、五条野町の宅地造成工事が着々と進み、「万葉展望台」といわれる甘樫丘のすぐ下までおしよせてきたのである。飛鳥の景観をなんとか、現状のまま残してほしい―そうした声が、飛鳥ファンを中心にさざ波のように全国に広がっていった。

昭和五年の飛鳥小学校北の石敷き遺構、同八年の石舞台古墳の発掘調査以来、考古学的な飛鳥研究をしてきた末永雅雄橿原考古学研究所長、万葉の旅を続け足しげくこの地を訪れた犬養孝阪大名誉教授、総理府歴史的風土審議会専門委員である寺尾勇奈良教育大名誉教授ら学者・文化人たちの呼びかけで、四十五年三月七日、全国組織の「飛鳥古京を守る会」が発会した。

〈学者らの提言〉

同年四月十八日、寺尾教授が受益者負担と財源確保のため、関所を設け入村料を集めるという「寺尾試案」を総理府へ提出。同二十一日、奈良県は、主要史跡の国費買い上げと、古都法特別保存地区の拡大による保存をねらった「飛鳥・藤原地域長期保存開発構想」をまとめた。飛鳥に関心をもつ要人たちの相次ぐ視察などもあり、飛鳥問題は国民的な関心を集めだした。やがて飛鳥古京を守る議員連盟が「保存のための特別立法をして土地を買い上げる」という、いわゆる「百億円構想」を出したとマスコミが報道する。村側もあわてて保存構想なるものをつくる。このほか学者グループによる提言も出て、飛鳥をどう保存するかが熱気をこめて語られた。

〈国も動き出す〉

同年四月二十八日、佐藤首相（当時）をはじめ閣僚一行が甘樫丘から飛鳥を望む。文化遺産の保存に関し総理大臣がその地を踏むことは、わが国ではかつてないことだった。首相は「民族の文化を残すため、地域住民の生活も考えた保存策を早急に実施したい」と約束、国による飛鳥保存計画が動きだした。

十二月十八日、「飛鳥地方における歴史的風土及び文化財の保存に関する方策」が閣議決定される。それにもとづき、総事業費として約六十九億円の予算も計上された。閣議決定の主な内容は次のようなもの。

古都保存法、文化財保護法による指定地域の拡大、買い上げ▽飛鳥川の整備▽国立歴史資料館設置▽石舞台、甘樫丘、祝戸の三地区に国営公園設置▽ゴミ処理場新設▽駐車場（四カ所）、周遊道路（約七キロ）、総合案内所の新設▽保存財団の設立。

〈ブルドーザー〉

この結果、翌四十六年から飛鳥保存事業が着手され、村内各地でブルドーザーがうなりをあげはじめた。そして現在、石舞台地区の整備、甘樫丘地区の買い上げと整備という二つの公園づくりと、周遊道路の一部を残し、閣議決定に基づく保存事業の目鼻がついた。六十九億円という総事業費のもくろみは、石油ショックによる物価高騰のあおりで大きくふくらんだ。たとえば三億円でできるはずの資料館が完成したときにはなんと五億四千万円にもなっていた。ほかにも四十七年春発見された高松塚古墳保存工事、藤原宮跡内の橿原市立鴨公小学校、幼稚園の移転などを含めるとざっと百億円に近い金がこの飛鳥地方に投入されることになる。

手作りの温かさを

奈良教育大学名誉教授
寺尾勇

おしよせる非情な開発の波に、音を立てて崩壊しつつあった危機を食い止め、焦眉《しょうび》の防波堤となったこと。文化財保存の流れの中で、飛鳥がもつ、住民ぐるみの歴史的風土の独自の意味と保存の大切さを、国をあげて痛感せしめたこと。これらの功績は、昭和文化行政の美挙として高く評価されねばならない。不特定多数の古文化財の散在する狭小の土地に、経済大国の面目をかけて知恵と力と金で解決できるならばと、かつて前例のない国費を投入して、善意のもとに国営飛鳥保存は着々と進められた。サロン風感傷的精神主義だけでは、どうにもならないことを思い知っていたからである。

しかし、当初の保存の理念は、この計画が実現するにつれてどこかちぐはぐで、繊細であるべき飛鳥本来のイメージが、至るところで裏切られはじめた。心あるものは、現在の飛鳥をこれでよいとはだれも思ってはいない。千年の歴史が蓄積された飛鳥を、たった五年ぐらいではどうにもならないのかも知れない。せっかくの模範的保存パターンが類型化して、常識の次元の演出となり、痛烈なエスプリを失い、飛鳥でなければ実現し得ない個性は消えた。目に見える形として成果をあげた単発的の施設事業ではあるが、形のないものに到達するために形を用いるという配慮は見捨てられた。役人というものが宿命的にになう狡知《こうち》、生煮え、功名心のために人間を切り捨てるというつめたい仕打ちがちらりとみられる。規制格差のため受忍の限界に達した住民のうらみを買い、農業政策の低迷もあって、古代の土はコンクリートに被覆され、保存用装丁は整備されたかのように錯覚されるが、古代のいのちは遠ざかりゆくばかりである。

飛鳥保存には、村民自らの無垢《むく》な心による、つくり手の心をいつくしむ手づくりのあたたかさが、何より必要である。金と規則にものをいわせたファッショの気配がする権力と、人間の欲がからみついてどことなくひえびえとしたものにしてしまった。私は村民の自主独立のため、受益者負担の保存構想を提起して五年。何のために、だれのためにという保存の哲学の欠如は、申すに及ばず、保存は破壊につながるという現状をさびしく見つめている。

特に高松塚古墳発見以来、飛鳥は心としてよりも財として扱う傾きが目立ってきた。「虚に居て実を行うべし、実に居て虚に遊ぶべからず」という芭蕉の言葉が今の感慨として思い出されてならない。飛鳥よ、お前はだれにつれられて、いずこに行こうとしているのであろうか。

飛鳥保存に関し、メディアが紹介した寺尾勇の主な活動や意見

【1966（昭和41）年】

◆５月31日

○見出し　歴史的風土審議会総会（第２回）

○内容　専門委員９人発令。寺尾勇（奈良古都保存対策協議会委員）ほか。

◆６月11日（読売奈良版）

○見出し　頭かかえた〝古都法視察〟破壊は予想以上　住民への説明不足

○内容　古都保存法による保存、特別保存区域を決めるため、歴史的風土審議会の堀木謙三会長ら委員、専門委員（寺尾教授ら）一行25人が９、10両日奈良公園、平城京跡、西ノ京、斑鳩、山辺の道を視察。

◆６月17日（サンケイ奈良版）

○見出し　古都保存法　斑鳩は指定確実　明日香村の公算強い　寺尾教授語る。

○内容　15日東京で開かれた歴史的風土審議会専門委員会に出席した寺尾教授は、斑鳩に続き明日香村、桜井市、天理市も指定される公算が強くなったと語った。

◆６月29日（読売奈良版）

○見出し　「文化財より生活守れ」明日香で古都法説明会　食い下がる村民も

○内容　奈良県と明日香村は28日、村民に対して古都法の説明会を開いた。寺尾教授、大東県文化財保護課長らが説明。

【1967（昭和42）年】

◆８月19日（毎日奈良版）

○見出し　明日香など５地区を答申　歴史的風土の第２次保存区域

○内容　歴史的風土審議会は17日の会議で奈良県の保存地区（一般）として▽明日香地区▽石上・三輪地区▽鳥見山地区▽大和三山地区を答申。

【1970（昭和45）年】

◆２月20日（朝日）

○見出し　明日香村の保存　建設省が住民調査

○内容　歴史的風土審議会が、昨年（1969年）末までに「古都法の特別保存地区規制だけでは飛鳥は守れないという結論を出し、保存と開発をかみあわせた総合計画を立てるよう建設大臣へ意見を具申、それに伴う現地調査。同審議会専門委員の寺尾教授は「全村約二十四平方㌔を買い上げの対象とし、史跡公園化する方向に進むべきだとしており、そのための調査をしたい」という。20日に同省係官２人が奈良県へ。

◆４月18日

○見出し　▽飛鳥の里　国立史跡公園に　保存へ新しい具体策
寺尾教授の構想（毎日）
▽有料の史跡公園　飛鳥保存、13か所に関所
　寺尾専門委の試案（読売）
▽あすかの里　地域ぐるみ公園に　「入域料三百円を徴収」住民生活も保障　保護示すたたき台（朝日）
※岸下利一明日香村村長の話　寺尾教授とこの案をつくる途中で話し合っており、内容は承知している。実際にどうなるか決まったわけではないが、自分としてはこの案の構想に賛成だ。公園の収益を村民に配分するということだが、この金だけで生活することなどは考えていない。もし具体化するなら、特別保存地区など重要地域の買い上げは国、県と交渉したうえ、村民の意見をまとめたい。

◆４月25日（毎日）

○見出し　▽飛鳥保存に特別法　奈良県が試案　国庫負担を望む(毎日)
※「さきに発表された歴史的風土審議会専門委員、寺尾教授の試案と基本的に差異はない」。奥田奈良県知事の話
　飛鳥は数多い宮跡の保護だけでは片付かない。万葉ゆかりの地を含む全体を保存する必要がある。何より地元の村民が将来を楽しみに待ち、保存に協力できるような計画でなければならない。
▽主要史跡、国で買収を　奈良県が飛鳥保存計画（朝日）

◆５月21日（朝日）

○見出し　飛鳥古京を守る会　議員連盟（自民）設立総会。衆議院

七十一人、参議院四十二人の計百十三人が加入。
※連盟会長に橋本登美三郎・運輸大臣。寺尾教授が記念講演

◆5月21日（朝日奈良版）
○見出し　忘れられた村民生活　「飛鳥守る議員連盟」出席の寺尾教授

◆6月6日（朝日奈良版）
○見出し　飛鳥保存　どう進める　寺尾教授囲み村民が徹夜集会
※村長、役場幹部、老人会、婦人会、農業経営者、社寺代表、奈良県教育委員長など30人。

◆6月16日（朝日、毎日、読売）
○見出し　飛鳥保存　寺尾試案を手直し　住民感情生かし
関所やめ駐車場（毎日）
明日香保存　全村を風致地区化　寺尾試案に修正案(朝日)
○内容　４月にまとめた寺尾試案の「関所」を設けて、入域料を徴収することに村民の反発が強く、その代わりに、村の入り口に駐車場を設け駐車料金をとる。明日香村だけの保存ではなく、大和盆地を取り巻く山々を将来国定公園とし、そのうちの一つとして桜井市、橿原市などもふくめた「飛鳥史跡公園」とする。

◆6月19日（朝日奈良版）
○見出し　国会議員　飛鳥を見る　早く手を打たねば
○内容　飛鳥古京を守る議員連盟を代表して５議員が明日香村へ。寺尾教授らが説明

◆6月24日（朝日奈良版）
○見出し　飛鳥保存　国・県・地元・学識経験者　４者で協議会設置
具体策早く進めよう
○内容　学識経験者として出席

◆6月29日（朝日、毎日、読売）
○見出し　佐藤首相　飛鳥を視察　保存を約す　来年度から恒久策
特別法も考慮（朝日）
○内容　佐藤首相は甘樫丘の上で、犬養孝・阪大名誉教授、末永雅雄・橿原考古学研究所所長、寺尾教授たちから破壊に直面した飛鳥の風土について聞いた。

◆８月８日（毎日奈良版）

○見出し　県飛鳥保存の基本案示す　対象地域明確に　保存、開発方法も具体化

※同案に対して寺尾教授は「甘樫丘を拠点にして遠望景観だけで対象地域を決めているきらいがあるが、あまりにも観光的すぎるのではないか。もっと学術的な面からとらえよ」「保存、開発計画の決定を急がず、当面の処理事項と永久的な対策案を分けて慎重にことを運んでほしい」。

◆８月15日（朝日、毎日、読売）

○見出し　▽飛鳥・藤原の保存　景観も含め一体的に　土地買上げは国費で　文化財保護審中間意見示す

▽地元など冷たい反応　飛鳥・藤原京保存の中間意見発表　文化財偏重との批判も

▽飛鳥保存　一体化に水さす　中間案に地元がっかり

○内容　文化財保護審議会は14日に、飛鳥・藤原京跡の保存の基本方針についての中間意見を発表。寺尾教授は「２カ月も時期遅れだ。特別立法、飛鳥・藤原を一体化するなど、意見そのものはそんなに悪くはないが、何をいまさらという感じだ。また、文化財偏重で、景観への配慮が乏しい」と批判している。

※寺尾教授の話「地元やわれわれ委員も政府の飛鳥保存方針を聞きたいのであって、文化庁案や建設省案など個別の考えはいまさら必要でない。文化財保護審議会の中間案はこれだけを取り上げれば立派だが、史跡を守ることに重点を置きすぎた景観保存なので、賛成できない。それはさておいてもいまさら中間案を発表したということは縦割り行政の欠陥を暴露したもので、このときになってなお役所のセクト主義が現れるようでは飛鳥問題の解決は心細い」（読売）

古都保存法から明日香村特別措置法までの歩み

『古都保存法30年史』より

1966（昭和41）年	1月13日	古都における歴史的風土の保存に関する特別措置法（「古都保存法」）公布
	5月30日	古都保存法に基づく「歴史的風土審議会」（首相の諮問機関）発足
1967（昭和42）年	12月15日	明日香村の歴史的風土保存区域指定（391ha）
1968（昭和43）年	1月12日	明日香村歴史的風土保存計画を決定
1969（昭和44）年	2月19日	明日香村の歴史的風土特別保存地区を指定。飛鳥宮跡地区約55ha、石舞台地区約5ha
1970（昭和45）年	2月下旬	東洋医学研究家・御井敬三氏「飛鳥古京法というようなものをつくり、村も村民の暮らしも国で保護してほしい」というテープメッセージを松下幸之助・松下電器会長を経て佐藤栄作首相に提出。※6月28日の明日香村訪問のおおきなきっかけとなった。
	4月16日	朝日新聞　飛鳥地方の保存・開発についての住民意識調査の結果発表 「景観は変わった」橿原市大和三山地区＝59%、明日香村＝38% 「国の保護政策は役立っていない」同上＝38%、同上37%
	4月17日	寺尾勇・歴史的風土審議会専門委員、「国立飛鳥有料史跡公園」構想を発表
	4月21日	奈良県「飛鳥・藤原長期総合計画」（明日香村整備計画の原型）を決定。
	5月14日	飛鳥古京を守る議員連盟（代表・橋本登美三郎代議士）発足
	6月6日	明日香村村議会「明日香村長期保存開発構想案」をまとめる。※保存規制区域の拡大は反対

	※近鉄橘駅の駅名を「明日香駅」への改称は「飛鳥駅」となって実現。
6月18日	東大工学部建築学、都市工学の研究グループ「飛鳥保存計画への提言」をまとめる。
	※約10km 四方を指定して国立史跡公園に（朝日新聞）
6月28日	佐藤栄作首相、明日香村視察。保存を約束。
12月18日	「飛鳥地方における歴史的風土及び文化財の保存等に関する方策について」を閣議決定
	※飛鳥保存事業がスタートする
1971（昭和46）年4月1日	財団法人飛鳥保存財団設立
4月26日	歴史的風土保存地区を391ha から918ha に拡大。
10月1日	歴史的風土特別地区を60ha から102ha に拡大
同上	飛鳥古京を守る議員連盟　明日香村視察
1972（昭和47）年3月23日	高松塚古墳で極彩色壁画出土
1973（昭和48）年3月26日	高松塚古墳壁画の記念切手発売
9月13日	飛鳥古京を守る議員連盟、総会で明日香特別立法に向けて審議を進めることを決める
1974（昭和49）年7月22日	村内4カ所の国営歴史公園のトップとして祝戸地区開園。※この後76年石舞台地区、80年に甘樫丘地区、85年に高松塚地区が開園
7月23日	飛鳥古京を守る議員連盟「飛鳥地方の保存対策に係る特別立法に関する要望書」を関係行政省庁に提出
11月21日	飛鳥古京を守る議員連盟、特別立法小委員会を開催
1975（昭和50）年3月	国立飛鳥資料館開館

1976（昭和51）年10月21日	高松塚壁画館竣工
1978（昭和53）年５月28日	福田赳夫首相明日香村視察。奈良県、明日香村、飛鳥保存財団がそれぞれ特別立法への要望書を提出。総理記者会見で立法に向け積極姿勢を示す
10月25日	飛鳥古京を守る議員連盟飛鳥保存特別立法委員会、政府に対して「飛鳥地方保存特別法に関する決議」を提出
1979（昭和54）年７月５日	歴史的風土審議会特別部会、明日香保存への特別立法答申
12月29日	明日香村整備基金の創設を閣議決定。基金総額30億円
1980（昭和55）年５月26日	「明日香村における歴史的風土の保存及び生活環境の整備等に関する特別措置法（明日香村特別措置法）」公布

守られた飛鳥古京

一九八一（昭和五十六）年の春だった。当時私が勤務していた社会部遊軍室に、寺尾さんから電話がかかった。飛鳥保存財団から季刊誌「明日香風」を出すので、その創刊号に原稿を書いてほしい、内容は飛鳥保存で、脇本熊治郎さんと御井敬三さんについて、少し詳しくふれてくれたら、後は何を書いてもいいという。二人はすでに故人で、脇本さんは昔の村長。御井さんは漢方医。明日香村の景観保存と村人の暮らしの支援策は、曲りなりにも見通しがついたが、その先鞭をつけた二人のことを知る人はほとんどいなくなった。二人を顕彰する意味でも、記録に残しておきたいと言っていた。私が編集の責任者になったのでよろしく、詳しいことはまた担当者から連絡させるからと、事務的な原稿依頼の電話だったが、寺尾さんのやさしさが、伝わってきた。それで書いた原稿が、次のようなものである。

❖

努力で残した景観

「万葉のふる里」と呼ばれる奈良県明日香村を訪れる人たちは、そののどかな光景に心をなごませられる。本瓦ぶきの落ち着いた色合いの木造建築が軒を連ね、周囲の水田では春にはレンゲの花が咲き競い、秋には垂れた稲穂の上をトンボが空を舞っている。日本人の多くが心のどこかに抱いている「ふるさと」の姿がここには残っているからである。

色も形も不調和な建物が並ぶ橿原市の新造住宅地が、村境ぎりぎりまで迫っているだけに、明日香村の民家や田園風景が余計にすばらしく感じられるのである。万葉人たちも、きっと同じような光景を眺めたはずだと考える人がいたとしても無理はないだろう。近代になってからの乱開発の波はここには及んでいないからだ。

古代と同じたたずまいというのはいささかオーバーであるとしても、戦前まではいたるところで見られた農村の風景がここにはまだある。巨大都市の大阪から電車で一時間足らずのこの地域が、今もこうした風土を保っているのは、たまたま運よく残ったというのではない。万葉集や歴史の愛好家、学者・研究者など識者たちの「万葉の風土を守れ」の声が国民の共感を呼び、政府が規制の代わりに財政的支援を行う決断を下した結果である。もちろん、そこには村民たちの苦労と犠牲もあった。

飛鳥古京を守る会

律令国家誕生の地であり、数多くの万葉集の歌に詠まれた飛鳥地方は、奈良県高市郡明日香村を中心に桜井市と橿原市の一部を含んでいる。先祖の伝えた文化遺産として、その飛鳥地方の景観と遺跡保存への関心が高まりだしたのは一九七〇年初春のことだった。朝日新聞によってキャンペーンののろしがあげられ、やがて同業他社も加わり全国民を巻き込んだ保存運動に発展した。キャンペーンの先兵として私も一役を担えたことを、今も誇りにしている。

朝日新聞が「飛鳥保存」をキャンペーンするきっかけとなったのは、後に文化勲章を受章した故・末永雅雄さん（奈良県立橿原考古学研究所初代所長）らの働きかけからだった。末永さんは戦前から飛鳥地方に埋もれる遺跡の発掘調査を続けてきた考古学者である。今は特別史跡となっている同村岡の石舞台を戦前に発掘、戦後は村の中心部の平地の調査を続けていた。平地部には飛鳥時代に数多くの宮殿が建てられたことが歴史書から明らかになっており、一般に「飛鳥古京跡」と呼ばれている。

高度成長の時代が訪れると、隣の橿原市は大阪のベッドタウン化に向かい次々と団地が生まれ、新興住宅も建てられ出した。明日香村でも近鉄沿線に近い所には、団地造成計画が生まれ、飛鳥古京跡に近い場所でも村民による家の増改築が目立つようになった。このままでは飛鳥の景観は大きく変化してしまうのではないかという不安が、末永さんらの学者のほかに万葉愛好者たちにも広がりはじめた。万葉人の昔をしのぼうと戦前から飛鳥地方を訪れる人は多かったからだ。

飛鳥の景観をなんとか守りたいと一九六九年秋に、末永さんをはじめ、万葉学者の犬養孝さん（大阪大学教授）、美学者として飛鳥地方をこよなく愛していた寺尾勇さん（奈良教育大学教授）が中心となって、飛鳥古京を守る会準備会をスタートさせた。実際は半年以上も前に準備にかかっていたのだが、発起人の名前をそろえただけで具体的な活動には入っていなかった。動き出したのは十一月になってからだった。明日香村役場に事務局を置き、奈良県庁、文化庁などに働きかけるとともに、マスコミへの協力を求めた。なかでも朝日新聞に対しては、末永さんが再々、幹部たちに会って支援を依頼したのである。

飛鳥の景観を守ろう！

私が奈良支局に着任したのは、一九七〇年の一月十六日のことで、その直前に大阪本社で学芸部長の安竹一郎さんに呼ばれ「飛鳥保存に協力したいと思う。明日香村に関係するニュースがあれば積極的に書いて欲しい」と言われた。それが飛鳥保存にかかわるきっかけとなった。

大阪本社では三月八、九、十日に三日間村民と近隣地域の人々を対象に、世論調査を実施した。地域を限り保存と開発についての意識を探るという、それまでの世論調査に前例のないものだった。一方、同じ時期に飛鳥古京を守る会も設立総会を開いて発足、運動が活発化した。それを機に私が中心となって奈良支局では、先にも述べた奈良版を使って「飛鳥」という長期連載ものをはじめることにしたのである。

「万葉のふるさと飛鳥の景観を守ろう」。そんな趣旨の原稿を、連載記事のほかに一般記事でも折にふれて書き続けた。今日出海・文化庁長官、三笠宮寛仁殿下、坂田道太・文部大臣など続々と明日香村の視察に訪れ、また文化庁、建設省、総理府、奈良県などが、それぞれの立場で飛鳥保存のための調査を行いはじめ、書く内容には困らなかった。奈良支局から明日香村通いが続いた。

はじめは冷やかだった同業他社もやがて、飛鳥保存についての原稿を載せはじめた。五月二十日には東京で飛鳥古京を守る議員連盟（会長・橋本登美三郎運輸相）が設立総会、飛鳥保存は次第に国民的な共感を呼ぶようになった。やがて六月二十八日に、佐藤栄作首相がやって来て、飛鳥保存の動きは最高に盛り上がった。佐藤首相は「国見」をした甘樫丘で、本気で保存に取り組むことを明日香村に約束、念願の国による飛鳥保存が動き出したのである。

閣議決定

佐藤首相の来村を区切りに、飛鳥保存のキャンペーン記事は少なくなっていった。現実問題としては、保存策への取り組みはむしろこれからがスタートだったわけだが、ひと区切りついたことは事実だったからだ。保存運動の中核となっていた飛鳥古京を守る会も、七月には「初期の目的は達成した」と運営方針を保存中心から遺跡の学問的究明に重点を置くことを決めた。

私も九月一日付で、大阪本社学芸部へ転勤が決まり、毎日の仕事に終われ、飛鳥保存の政策がどのような形で具体化しているのかあまり知らなかった。ただし、私の去った後も、奈良版の連載企画「飛鳥」だけは延々と晩秋まで続けられた。

国による初めての政策が決まったのはその年の十二月だった。「飛鳥地方における歴史的風土及び文化財の保存等に関する方策について」の閣議決定がなされたのである。その骨子となるものは、古都保存法の歴史的風土保存地区や文化財保護法の史跡指定地の拡大、それに道路や河川の整備、歴史公園、歴史資料館の設置が決められ、保存事業をバックアップするための飛鳥保存財団の設置が決められた。

古都保存法とは、京都、奈良、鎌倉の三都の歴史的風土を守るために一九六六年に制定されたもので、明日香村も奈良の一部として組み込まれていた。村の総面積二千四百四ヘクタールのうち三百九十一ヘクタールが、開発が規制される歴史的風土保存地区に指定されていたが、とてもこれだけでは景観は守れないとして、飛鳥保存の運動が起きたのである。

明日香特別措置法

国による保存が本決まりになった後も、実は飛鳥保存とは具体的に何をどう守るのかがしばしば問題になった。当初は古代の飛鳥地方全域についての保存策が検討されたが、結局は行政的に困難とあって、明日香村にしぼって実施されることになった。しかし、村には地上に姿を残す古代の建造物は何もなく、石舞台古墳の石室や亀石、酒船石（七世紀）といった限られた遺物を除くと、すべて地下の遺構である。それなら文化財保護法によって守ることが可能だが、景観となるとかなり抽象的な概念である。

「万葉時代にはレンゲ草はなかった。積極的に水田に植えるべきでない」という植物学者の指摘もあった。ビニールハウスもまずいし、山に針葉樹を植林するのはいかがなものかという意見もあった。保存は決まったものの、何をどう保存するかでさまざまな議論が巻き上がるなかで、村人の中には、これでは生活が犠牲になるとして「飛鳥規制反対決起同盟」のような組織も生まれた。

その後そうしたさまざまな動きを踏まえ、十年してやっと、保存も犠牲救済策もという特別立法「明日香村における歴史的風土の保存及び生活環境の整備に関する特別措置法」が制定された。保存策の基本路線は閣議決定がそっくり引き継がれたのである。

明日香特別立法とも呼ばれるこの法律は、規制される代償に住民の生活を守るため、さまざまな恩典を決めたものである。ムチである規制とアメの配分を定めたものといっていい。アメの最大のものは、国が二十四億円、奈良県が六億円、明日香村が一億円出して創設した総額三十一億円の明日香村整備基金である。家の増改築をはじめさまざまな事業に使うことができる。十年の時限立法であったが一九九〇年にさらに十年延長されることになった。

村人にとってのムチとなる保存策としては、古都保存法の特例法という形で、村のほぼ全域に規制の網をかけたことである。なかでも、五パーセントを超える百二十五・六ヘクタールは、ほとんど現状変更のできないほどの強い規制がかけられた。特別立法以外にも、文化財保護法、奈良県風致条例などさまざまな法律や条例で、厳しい規制があり、それが今日の明日香村の景観を守っている。

バブル経済時代には、一部村民から飛鳥保存への強い不満が役場に寄せられたそうだ。隣接した土地なのに明日香村にあるだけで、地価が十分の一だという不満である。明日香村の中でも、規制の強い地域と弱い地域の土地価格の格差が目立ちだした。それもすべては「土地神話」のせいであった。バブルがはじけた今、かつてほど不満の声は大きくないようだ。

明日香村はモデルか

近年は生活環境の改善が盛んに言われるようになり、そのために多くの予算を割く自治体も生まれてきた。その意味では豊かな自然と美しい景観の残る明日香村は時代を先取りしたといえる。文化遺産と自然美を生かしたふるさと造りでは、今ではもっとも恵まれた条件の村となったのではないだろうか。

万葉のふるさと飛鳥は、おそらく遠い未来までその景観を保ち続けることは間違いないだろう。不満をもらす村人が、たとえ保存策を無視しても、それはほんの一部のことだと思う。隣接する土地の価格が十倍となったバブル経済時代も乗り切ったからだ。

私としては、この歴史的な飛鳥保存に関係できたことをうれしく思っているが、ただひとつ言えることは、この保存策は他の地域のモデルにはならないということである。国や自治体によって、巨費を投入されて実現できたものだからだ。守られたことは喜ぶべきだが、郷土の文化遺産と自然景観を保存するには、他人に頼り切らず、もっと他の方法を探るべきだったような気がする。

村長さんと漢方医さん

長岡京跡発掘を追い続けたのに次ぎ、飛鳥保存キャンペーンに加わったことは、私にとって大きな転機だった。文化財記者としての方向がはっきり定まったといってもいい。一般ニュースや企画もの、特集ページの取材のため、村民をはじめ飛鳥の未来に関心を抱く文化人、学者、行政家たちなど実に数多くの人々に出会った。その取材活動を通じて古代史、考古学をはじめ、暮らしと文化財について、基本から学んだことがその後の記者活動の財産になったからだ。私にとっての飛鳥保存の意義は、それ以上加えることはないが、「モデルにならない」とはいえ、やはり二十世紀のわれわれが、子孫にたいして胸を張って誇れる文化財保存史上で特筆すべき事件だったと思っている。保存キャンペーンの取材で、多くの人に会ったことは前にも述べたが、私は彼らの飛鳥を思う熱意にしばしば心を打たれた。史跡や環境が守られ、なおかつそこに住む村人の暮らしの向上にも、ある程度の配慮が行き届いた今日の明日香村があるのは、これらの飛鳥を愛する人々の気持ちが多くの人の共感を呼び、国を動かした結果だったと思っている。

当然のことながら特定の個人が功績者として栄誉を担うものではない。しかし、私は飛鳥保存を考えるとき「もし、あの人がいなければ……」と今は故人となった二人のことを思い出す。一人は明日香村の元村長・脇本熊治郎さんであり、いま一人は漢方医の御井敬三さんである。飛鳥保存運動が起きて後しばらくして、二人のことを思い出しながら、次のような文を書いたことがある。

脇本熊治郎さん

三十年間村の代表

脇本さんに初めて会ったのは、五月中旬で連載企画『飛鳥』の取材のためである。遺跡を通してみた飛鳥、部外者の飛鳥などの一、二部の掲載が終わり、第三部として村人たちが保存をどう考えているかを紹介することになった。脇本さんはそのトップバッターとして登場を願うことになり明日香村野口の自宅をたずねた。

「脇本村長が偉かった。あの人がいたから村の遺跡は、こわされずに残ったのだよ」

昭和五年以来、飛鳥地方の発掘にかかわってきた考古学者の末永雅雄さん（当時、飛鳥古京を守る会会長）から幾度となく、聞かされていた。日本の古墳研究史を大きく転換させたといわれる昭和八年の同村岡の石舞台古墳発掘以来、遺跡発掘に理解を示して、何くれとなく援助してくれたという。

脇本さんは昭和八年には、すでに石舞台古墳のあった高市村の村長で、その後、阪合、飛鳥の三村が合併して誕生した明日香村の村長となり、四十二年八月まで三期十二年間、村長をつとめた。合併前の高市村村長から数えると三十年間、村の代表であった。

保存の神さま？

「脇本さんが村長でなければ、とうの昔に村のあちこちで住宅開発がされていたはず。それをさせなかったのは脇本さんだ」

末永さんは脇本さんを大変高く評価していた。それは何も末永さんだけではない。「飛鳥ファン」という飛鳥好きな人たちの中には「保存の神さま」扱いする人もいた。そんな話をあちこちで聞いているうちに疑問がわいてきた。

地方自治体の首長の任務は、その地域の開発、発展にあるのではないか。保存はとかく開発の妨げになる。しかも保存を訴える世論のない時期に、なぜこうまで保存に力を入れたのだろうか。そんな疑問をひっさげて脇本さんにお会いした。当時すでに八十三歳。「隠居で、のんびりしています」と丹前姿で現れたがまだかくしゃくとしていた。第一線から退いたので、あまり偉そうなことはいいたくないとしながらも、明日香村の昔と今、将来について三時間余りも熱っぽく語ってくれたのを覚えている。

「考えてもみなさい。わたしが村長をしていた時期、だれがあのイスに座っても同じことをしただすがナ。こんな田舎に、これほどエライさんの来るところはないだすがナ。その人が村に来て何といいます。よう守ってくれなさった。そんな話を聞かされつづけると守らにゃいかんと思いますがナ」。

脇本さんは〝保存の神さま〟扱いされることに抵抗した。「だれが村長でも同じことだ」というのが、その理由だった。脇本さんは村の遺跡を守るのが任務と思って村長になったのではない。飛鳥地方は歴史上大切なところということは、村人たちは何となく感じていた。はじめは脇本さんもその程度だった。それが史跡の大事さを実感として理解したのは、あの石舞台古墳の発掘だったそうだ。

石舞台古墳の発掘

石舞台古墳調査までの発掘は、鏡や装身具、武具などの副葬品探しに焦点があてられていた。ところが京都大学考古学教室の濱田耕作博士は古墳の築造や企画、土木技術の研究を手がけるべきだとして同古墳を選び、末永さんに発掘調査を指示した。

末永さんは昭和五年、明日香村飛鳥の小学校北側で人間の頭大の石ころが並んだ石敷きを掘り出したことがあった。飛鳥浄御原跡地といわれている場所である。後年、同じ石敷きは村内各地で出土、飛鳥時代の宮殿や邸宅の遺構であることが確認されるが、当時はそれが何を意味するのか分からず、わずか二日間で発掘を打ち切った。従って末永さんにとっても、飛鳥の発掘と深くかかわるのが石舞台古墳であったという。

濱田博士の命を受けた末永さんは、高市村役場をたずね、村長の脇本さんに相談する。文部省から千円の発掘調査費は出ているが、どうも足りないと聞いた脇本村長はポンと胸をたたいた。「不足分は村でだしましょう」

「どんなものが出てくるのか、珍しさも半分手伝って興味があった。それで援助を約束しただけ」

だと昔を思い出して笑った。

当時の村の予算は一万八千円。調査費には結局村費はほとんど使っていないが、地主たちとの交渉、作業員の募集をはじめ調査への協力は惜しまなかった。

ちなみに作業員の日当は一円のころである。この発掘は当時としても珍しかったらしくマスコミも取材に訪れ、飛行機で航空撮影したところもあった。物珍しさに誘い出された一般見学者だけでなく、学者たちも見学にやってきた。「遺跡というものは大切にせにゃアカンもんだ」と脇本さんはその時、体験としてわかったそうだ。

同古墳は末永さんたちの要望通り、十年近くかけて買収、村有地とした。村における遺跡公有地のはしりであった。「ひとつくらい目をひくものを村に欲しいと思った」からだという。「いろいろ知恵を絞って金は全部国や県から引き出してきたので、村の議員は別に反対しなかった」とちょっぴり自慢していた。

「私は開発論者」

石舞台古墳の発掘は、昭和八年と十年の二回行われる。それをきっかけに村人の間にも史跡についての知識が広まっていった。そこへ大戦。増産、増産のカケ声に追われ、遺跡などどうでもよくなった。終戦を迎え、脇本さんは公職を追放された。やがて昭和三十年、再び村長に担ぎ出された。時期を同じくして国が行った飛鳥寺跡の発掘のため、土地の借り上げ交渉などで、脇本さんはまた文化財とのかかわりが生まれた。

「そのころは村人たちも〝甘樫丘はどこ〟と聞かれても、なんとも答えられなかっただスな」。それが飛鳥寺、川原寺と発掘が続き珍しい遺構が発見されると共に、続々と学者が訪れ、新聞報道などでも飛鳥が注目されだした。

「わたしの村には大切なものがある」。村人たちの郷土への自覚が高まってきた。近隣の市町村では工場誘致に血眼になっていたころである。

「村の人たちの生活を考えたら、開発しなければならない。私だって開発したい。大住宅地が生まれれば、村の財源は豊かになる。事業をしない村長なんて村長になる資格はない」

脇本さんは村長である以上、開発論者であって当然だといった。自分もその例外ではないという。そういえば脇本さんはずいぶん事業をした。戦後荒廃した三小学校の改築整備、多武峰《とうのみね》へ続く道路と吉野への道路の拡張工事。村庁舎を二度も新築した。ひとつは高市村。一つは合併して誕生した明日香村。明日香村の庁舎は鉄筋二階建て、黒瓦の連なる町並みの中では目立つ建物で、景観を壊すと学者たちからボロくそにいわれた。

「遺跡は大切だと分かったが、景観までは気が付かなかったので……」脇本さんの文化遺産に対する理解度、そして開発と保存についての考え方の移り変わりは、村人たちと決してかけ離れたものではなかった。時代時代の村人たちの気持ちを代表しているといってもよい。「村人たちの考えを先取りしただけ」と自ら語っていた。だから「私が飛鳥を守った」という気負い立った話はついに出なかった。

郷土愛が残した

「宅地業者が土地を買いにくれば、私が売るないうたかて、売りたいもんに中止させることはできん。みなが売らなかったのは狭い土地を手放したのでは生活できんからだ。それに村の人はみんな史跡の多い、この村が好きなんだス」と郷土愛が〝昔のままの飛鳥〟を残してきた原因だと力説した。

「ゆくゆくは開発に力を入れるつもりだった。だが、どこに遺構があるのかわからない。大事なものを無差別に壊すようでは郷土を破壊するのと同じ。大切なものがどこにあり、どの部分なら壊してもいいのか学問的に分かるまで待とう。ただそれだけのことだス」

金儲けと郷土愛を比べると、後者の方が大事。多くの市町村ではこの当然ともいえることを忘れたために自然破壊や文化遺産の破壊が行われてしまったのである。

「開発するのはやさしい。しかし、地域にふさわしい開発をするのが行政の長と違いますか」

脇本さんの語ったこの言葉を守りきれる市町村長は、今どれくらいいるだろうか。脇本さんはあるいは自分で何度も口にしたが「開発論者」かもしれない。しかし、その偉さは長い目で村人たちの将来を見ていたのではないかと思う。長期間にわたる村の代表で業績を急がねば選挙にひびくという心配はなかった。そんな条件に恵まれていたこともあるが、村にとって何が大事か、どうすれば村の特色が生かせるかを真剣に考えていた人だと思う。

昭和四十五年六月二十八日。飛鳥視察に訪れた佐藤首相は、甘樫丘の上で出迎えた脇本さんの手をしっかり握り「あなたのお陰で……」と感謝の言葉を述べた。「郷土を愛する村人のために……」と明日香村にふさわしい村づくりに半生をかけた脇本さんは、村民の暮らしを対象にした「飛鳥特別保存立法」の制定を待たずに他界した。享年八十七歳だった。

御井敬三さん

拝啓、佐藤総理殿―声の直訴状

佐藤総理は飛鳥視察に先立ち、六月二十八日午後一時半から奈良市内の近鉄ビル内・奈良ホテル別館で記者会見した。私もその会見にのぞんだ。席上、首相は飛鳥地方を訪問しようと思ったきっかけについて「直接には、飛鳥保存が国民的関心となったからだが、御井さんのテープを聞きぜひ明日香村を訪れたいと思った」と語った。学者でもなく、村人でもない一人の民間人が時の首相を動かしたのだった。

御井さんが声の直訴状を出したことは、四月二十七日の毎日新聞が報じていた。だが、正直な話、それが首相の胸にそれほど強く響いていたとは、誰もが思っていなかった。佐藤首相来村のきっかけは「地元代議士の要請にこたえて」というのが奈良県の発表だった。御井さんが自分のことを誇らしげに吹聴する人でなかったという事情にもよるが、取材力の不足を恥じたものだった。飛鳥保存は佐藤首相の訪問を境にして、中央に移り、七月十六日総理府で飛鳥保存に関する歴史的風土審議会が開催されるなど、積極的な国家による施策が打ち出された。それを考えると、陰の功労者として御井さんのことを、いつまでも心にとめておかねばならないと思う。

ウルトラ飛鳥ファン

御井さんは目が不自由で、当時、大阪市南区炭屋町に脈診診療所を開いていた。脈に触れ患者の病状を診断し、ハリとキュウで治療する漢方の先生だった。

漢方医としての評判は高く、新聞社での先輩やその家族にも診察を受けた人があり、飛鳥保存に新聞も力を貸して欲しいと熱っぽく訴え、その話が私のところまで届いてきた。ウルトラ級の飛鳥ファンとしてよく知られていた。

御井さんが飛鳥の里を訪れたのは、昭和四十年代の初めのころだった。職業とする漢方脈診が千数百年の昔に、飛鳥に伝わったことを知り、飛鳥に興味を覚えた。妻、清子さんに手をひかれ村を訪れた時、そこは喧騒の大阪と違い、空気は美しく不自由な目にいにしえからの素朴な風景の残されているのに心を打たれた。飛鳥保存運動が広まる二年ほど前には、同村飛鳥に農家の柴小屋を借りて別荘にするほどだった。月に二、三度は村を訪れ、それが重なるうちにますます飛鳥のとりことなった。

万葉にうたわれた飛鳥川や甘樫丘、小屋から手の届く範囲でさえ、古代人の生活がしのばれる。御井さんは息子さんたちに、漢方の診察所をまかせ、居を飛鳥村に移してしまった。

飛鳥古京を守る会

やがて御井さんは明日香村の昔からの風景も、橿原市の方から次第に破壊されはじめているのに気付いた。宅地開発の波が甘樫丘のすぐ西側まで迫ってきているのである。なんとかこのままの美しい姿で残って欲しいと考えた。

四十四年の秋、例によって清子夫人に手をひかれ散歩していた御井さんは突然、村役場によろうといいだした。そして、たまたま庁舎内にいた岸下利一村長に会うと、いきなり御井さんは言った。

「飛鳥古京を守る会を作ろうじゃありませんか」

それに対する村長の答えは意外にうれしかった。

「それですか、それならもうできていますよ。でもまだ何の活動もしていませんが……」

「ではその会をものにしましょうや。第一回の会合は私の家で開きましょう」

このときはもう、御井さんは柴小屋の改造に引き続き新しい家を建て「炉辺の家」と名付けていた。

飛鳥古京を守る会は、その少し前に開かれた「飛鳥史跡文学教室」で話が出て設立の準備期間に入っていた。会長は末永雅雄・奈良県立橿原考古学研究所長、副会長は犬養孝・大阪大学名誉教授と歌人の辰巳利文民が決まっていたものの具体的な活動はまだだった。

御井さんは会の運営資金として百万円の寄付を約束して別れた。第一回の役員会は御井さんの希望通り「炉辺の家」で開かれた。村長に会見してから間もない十一月十八日であった。

ごく自然な話し合いのうちに「飛鳥古京を守る」三つの柱が決められた。

①遺跡を破壊から守ること。さらに発掘調査をすること。

②自然美を含めた村の景観を全体として維持すること。

③村民の生活をどこまでも守ること。

この三つの柱はその後「飛鳥古京を守る会」というより、飛鳥保存のあらゆる施策の鉄則となって具現した。飛鳥古京を守る会発足のニュースは翌十九日、朝日新聞で報道され、飛鳥保存キャンペーンの先がけとなる記念すべき記事となった。

こうした中で御井さんの熱い思いは首相にあてて飛鳥保存をして欲しいという直訴状に発展していく。翌四十五年正月のことである。

政治家を動かす

御井さんは個人的に首相を知っているわけではなかったが、直訴状を手元に届けられる当てはあった。保存に興味を示している松下幸之助・松下電器会長を通じるつもりだった。松下さんは以前から健康管理のため、月に二、三度御井さんにハリを打ってもらっていた。ハリを打ちながら「日本の故里飛鳥……」を語る御井さんの情熱に心を動かされていた。松下さんなら首相に手渡してもらえる機会はあるはずだ。そう思いつくと御井さんは、ただちに明日香村の現状、そして保存の意義について、妻の清子さんの助けを借りて原稿用紙十枚ほどにまとめた。しかし、それを聞いた松下さんは、こんな長い手紙よりテープの方がいいと助言した。そこで一部を削除して、十分ほどの長さの「声の直訴状」が生まれた。

「ここに一九七〇年を迎えるにあたり、現政府の施政方針のひとつに是非とも取り上げていただきたいことがあります」の声で、そのテープは始まっている。

世界平和のために愛国心を育てることが大切であると指摘、明日香村を訪れると「日本の国がいかに形成され、いかなる経緯をたどってきたかを回想せずにはおられない」と明日香村が日本人にとって、どんなに大きな意味を持つところかを次のように説いている。

「およそ、いかなる国の民族も、それぞれが持つ文化遺跡を高く評価するものです。そして、これを誇り、これを愛し、その国の名において実際に大切に保存しています。それにもかかわらず、わが国では、この大切な飛鳥古京を大切に保存し、これを愛し、これを活かす精神と態勢は非常におくれています。いったいこれは、いかなることなのでしょうか」

「もし、このまま放置するならば、明日香村の飛鳥古京跡は近代化の侵蝕を受けて、いくばくもなくその価値を消滅してしまうでしょう。日本民族の故里ともいうべき明日香の自然と風物、世界に誇るべき貴重な史跡は、どんなことがあっても守らねばなりません。そのためには、差し当たり、特別風致地区および古都保存法の両条例を適用することによって、明日香の風致と史跡を保護する処置を早急にとっていただきたく、そしてさらに明日香を守るというよりも、これによって民族精神の作興をはかるとなれば、どうしても明日香古京法というような別の法令によって明日香を日本人の精神の故里として村民の生活保障をふくめて建設的な処置がとられなければならないでしょう」。そして御井さんは「佐藤首相閣下のご英断を祈る」と訴えた。

松下さんがその後書いたものによると、このテープは関西財界の長老の人々が月に一度首相と懇談する吉兆会三月例会の席上で出席者とともに聞き「みんないたく心を打たれた」そうだ。

佐藤首相はそのテープを持ち帰り、持ち回り閣議で各閣僚が聞いた。「これは放っておけない。なんとかすべきだ」と閣議でも一致をみたという。この声の直訴状に応えて真っ先に明日香の地を踏んだのは坂田文相だった。四月二十六日、春も盛りのころだった。

五月二十日には「飛鳥古京を守る議員連盟」が設立され、総会が開かれた。御井さんの声の直訴状が思いもかけぬ波紋を広げていったのである。

飛鳥村塾

御井さんは「飛鳥古京を守る会」が動き出すと、この自然と史跡を、飛鳥を愛する人々のために何か積極的に役立てることができるのではないかと考えた。そして生まれたのが「飛鳥村塾」だった。開講の趣旨書には次のように書いている。

日本の歴史と文学のふるさとは、大和の明日香であります。記・紀、万葉の世界は明日香に多くの舞台を求めることができます。日本のこころは、正しくこの地において発生したものであると言えましょう。（略）皆さま方が毎日の都市生活のわずらわしさや雑務からときはなたれ、ひとりの日本人としてそのこころをたずねるにふさわしい風土の中にあって、深く学ばれる塾を開放します。どうぞここで日本のふるい歴史や文学や民族をふりかえって、真っすぐで正しく明るい心をこころゆくまで求めつくして下さい。明日の明るい日本のために。

明日香村飛鳥の自宅を塾に開放しようと考えたが手狭なことを案じている時、運よく同村栢森《かしわもり》の空家が無料提供され、四月五日に開塾式が行われた。この塾の開設には松下幸之助・松下電器会長、椿本照夫・椿本興業社長ら関西財界のバックアップがあった。寺尾勇・奈良教育大学教授が「明日香の心」を説き、日本の歴史などについて学ぶ教養講座のほか、夏期には学生を集めて泊まり込みの学習会も企画した。「よい日本人。愛情豊かな人づくり」が、この塾の目標であった。

佐藤首相が村を訪れた日、御井さん夫妻は首相の車に同乗、案内役を務めた。甘樫丘で国見をしたあと、別れ際に首相は「御井さんありがとう。来てよかった」と握手を求め、最後に「長生きして下さいね」とねぎらった。そのとき「村人の気持ちを代表しただけです。（テープを）お渡しできたのは、松下さんのお陰」とつとめて控え目に振る舞っていた御井さんは、不自由な目をしきりにしばたいていた。翌日の新聞に、私はなんのためらいもなく首相の言葉をそのまま記事にした。「長生きしてくださいね」。それに別に深い意味があるとは思わなかったが、御井さんは翌四十六年八月二十三日、心臓発作でこの世を去った。五十三歳だった。

（季刊『明日香風』創刊号、一九八一年十月、飛鳥保存財団刊）

第三章

〟まほろば〟の明日のために

——「俗化する大和」から「飛鳥保存」へ

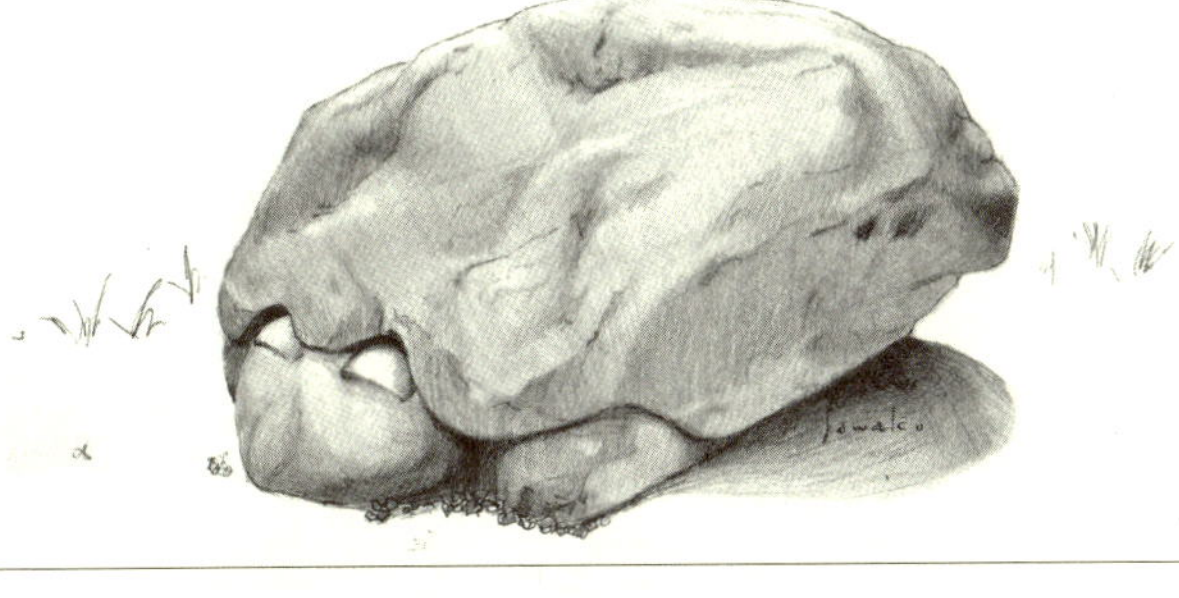

【解説】

青山茂さんの話（九〜一三ページ）にもあるように、寺尾さんは一九五六（昭和三十一）年十二月十五日に創刊号を出した「奈良県観光」新聞には、その準備段階からブレーンとして深くかかわっている。編集のアドバイスをするだけでなく、エッセイも書き続けていた。創刊号に「春日の森」、第2号に「山焼きと石仏」、第3号に「お水取り」などと題した原稿が見受けられる。57号からは、それに「観光寸言」という通しタイトルが付けられるようになる。このタイトルがつくようになってからは、単なるエッセイではなく、新聞にふさわしい「ジャーナリズム」的な文章になっていった。つまり、そのときどきにおきた時事的な話題をとりあげ、報道・解説・批評に主眼を置き、その多くが激しく変貌はじめた「古都大和の俗化」を憂えたものである。ただし、その初期に取り上げた対象は奈良や西の京などがほとんどで、飛鳥が登場するのは、昭和三十七年八月の第69号の「何にもない」と同三十八年七月の80号の「石舞台によせて」の石舞台古墳のことであった。

これは私の勝手な想像だが、書き残されたものを読む限り、寺尾さんはそれまでは明日香村にはそれほど興味がなかったのではないかと思われる。美学者にとっては、地上には研究対象にすべき文化遺産はなかったからである。

「明日香村は埋蔵文化財の宝庫」といわれる。地下に何が埋もれているかわからないからだ。しかし、考古学者の中にさえそうした認識が共有されだすのは、昭和四十年代になってからのこと。それまでの飛鳥は万葉研究者、万葉ファン以外にはあまり関心がもたれなかった。寺尾さんにすれば、飛鳥寺の大仏以外に見るべき古美術のない飛鳥に、それほど関心がわかないのは当然であっただろう。最古とはいえ焼けただれて稚拙な補修がされた仏像では、いくら美学者でも、魅了されようもなかったからだ。なにぶん大和には、他にもすぐれた美術品が多すぎるからだ。

飛鳥地方に対して、寺尾さんが興味を持ち始めたのは昭和四十一年五月、歴史的風土審議会専門委員に任命されて以後のことではないかと思われる。その翌月に他のメンバーと共に明日香村を訪れたことで、「明日香村の未来」を本気で考えるようになったようだ。やがて「観光寸言」で取り上げる内容に「飛鳥保存」問題が次第に多くなっていった。これらを追って読むと飛鳥に抱く寺尾さんの心の軌跡が読み取れる。「観光寸言」のうち、古都保存や飛鳥にふれたものを主に年代順に収録した。数字は掲載号と昭和の年号と発行日。

奈良県観光新聞「観光寸言」に見る

四つの批判

ここ一ヶ月ほどに奈良の観光政策に対する批判らしいもので私の目にふれただけで四つほどある。一つは「文春」の矢代幸雄氏の「日本の美滅びんとす」で近頃の奈良の変化に対して悲嘆して奈良の地もとの心ある人が何も云わないで黙っているのが不可解だと云う説。「読売」のよみうり寸評ではブルドーザーと資本によって滅びるものは美しきかなと皮肉られている。「週刊朝日」では「三笠の山に出しネオン」と云う題で身売りして行く古都の末路の老醜を紹介し奈良を見るなら今の内でやがて消えてしまうだろうと結んでいる。

「産経」では寿岳文章氏が「思うことに」に「田園まさに荒れなんとす」の題で金もうけのためなら赤坊の手をねじるように文化や歴史をふみにじって恥じない鉄面皮の事業主をこの期になって責めてみたとて何になろう。京都や奈良を戦禍から救ったウォーナーが生きていたらどんなに悲しむか。無差別爆撃以上にひどいことが奈良では目の前で行われていると論じている。これらの四つの論は古く前川佐美雄氏の名文「奈良を亡ぼすものら」で云いつくされた論旨のくりかえしであるがその前川氏の文が奈良市発行の郷土読本に採用されている市長の雅量は忘れ勝ちである。

先にあげた四氏の立場は現地の実情にうといため必ずしも妥当と云えない点、誤解している見当はずれの点があることを指摘しておきたい。しかしだからと云ってそれは感情論だと云って無視し切れない考えるべき奈良を心から愛する人々の忠告が含まれていることも忘れてはならない。

一番考えたいことは古文化財を含めての総合計画とそのPRが十分でないと云う点はこうした誤解の原因である。例えば大台の開通は単に道路業者や観光産業に関係のある人々だけの問題でなく奈良県文化の総合計画の内でしめるべき位置についてのPRなり紹介なりがもっと考えられ文化と経済と政治の連結による観光政策をのぞみたい。

（第57号　昭和36・8・10）

古文化サイレント時代来るか

〝奈良県観光〟も今年十二月で六年目六十一号を迎える。それが偶然三枝熊次郎主幹の還暦六十一才と合致するという。近頃創刊号から全部を揃えてまとめて見直すと、奈良について書くにしても、調べるにしても欠くことの出来ない貴重な資料と記録の大集成になりつつある。単なるクズや包み紙にはどうしても出来ないところにこの新聞の価値がある。三枝主幹も満足のことと思う。

❖

さて昭和十四年三月二十四日午後六時、東大山上御殿で法隆寺の再建非再建をめぐる論争が師弟相伝の立会演説として、喜田貞吉（再建）、関野貞（非再建）両博士で論述され、石田茂作博士はこの論争について「法隆寺問題批判」として東日、大毎に精鋭な意見を出され、又それに対して足立康・喜田両氏が反論をされるなどまことに活気があり、学問が生きていたという感じであった。今日では、入試問題の白鳳論争などがせいぜいで、学者の質もここまで来たかと随分変わったものだ。

しかしあれから二十年。奈良古文化の論争は学者側から提出されないで地味にめいめいの研究にこもるという態度に変わった。学界というものがそういう姿に進歩したのかもしれない。むしろ事あるごとに問題の火つけ役は毎日新聞の青山茂氏などが提出された。今やこの人も奈良を去った。再び古美術のサイレント時代が来るという感じである。

ところでこの新聞に執筆される人達のものを拝見すると、縄文的と弥生的、動物的と植物的という二つの対立した立場が明暗を作って読者をたのしませてくれる。この内植物的というのは色や匂で文章を一杯にして、物のまわりにある静寂と運動を捉えながら絶えず何かノスタルジアを感じている態度である。やがて花に化する茎の内管を昇り降りする樹液の美容による栽培と分化のいとなみにも似ている。摂取のいとなみが同時に厳しく棄てるいとなみに通じる。その意味で純粋の立場で孤城を守るという態度である。それに対して動物的と云うのは絶えず積極的拡大的で何事にも攻撃精神をもつ狩猟的態度である。

「奈良県観光」も号を重ねて一面「知られざる奈良」をさまざまの新鮮な角度から紹介すると共に、文化と観光の「問題」をどんどん発見し、かつての法隆寺論争のような価値ある論争をまき起こさざるを得ないような条件に、編集者と読者の協力で追い込むことこそ今後の重要な課題ではないかと思う。独善的のマンネリズムと官僚的の形式主義の打破を心からのぞみたい。

（第58号　36・9・10）

俗化と云うこと

奈良俗化と云うことが昨年の話題だったが、私は俗化するならもっと徹底的にそしてデラックスに正しく俗化してほしい。徹底的に俗化すれば却って本当に残るべきものが残るからだ。今頃になってなまじ賢者のつどいが、子供のおもちゃの箱庭のトーローをつり人と替えて遊ぶようないじり方はしない方がいい。神経衰弱のゴインキョサンが庭のペンペン草の二、三本をとって雑草の根を絶ったと思うようなやり方は止めた方がいい。もう今となっては松の木の二、三本や駐車場の一つ二つで解決出来る問題ではない。勿論心のふるさとと人類の至宝とか形容詞の大時代的精神主義をかざしてみても、静御前のくりごと同様で現代人に心のふるさとなど強要する理由はない。

問題を分析して

一、古寺と古文化のあり方（文化財保護法の強化）

二、史蹟公園風景のあり方

三、一般近代観光産業との関係

四、交通機関と古都の関係

五、ここに住む県市民の生活との関係

これらのことに自律的な基本計画が立たない限りは、公園翼賛政治だけでは何ともならない。先日鳥取の砂丘に行った人の話で、風紋どころか人の足と車のわだちとゴミだけであった。ところがその夜雨と風が一吹すれば全くロマンチックの風景がその翌朝三十分だけ見られたと云う。これは現代観光地の宿命である。本質的にもっと徹底的に俗化することこそ、奈良が最後に一番大切なものを残す大切な課題である。

（第62号　37・1・10）

風はおのが好むところを吹く

女房はとっくに死んであと十三になる男の子が一人あった。そこへどうした事情であったかおなじ年位の小娘をもらってきて、山焼の小屋でいっしょに育てていた。何としても炭は売れず、何度も里へ降りてもいつも一合の米も手に入らなかった。最後の日に空手でもどってきて、飢えきっている小さい者の顔を見るのがつらさにすっと小屋の奥へ入って昼寝してしまった。

眼がさめて見ると小屋の口いっぱい日がさしていた。秋の末のことであったと云う。二人の子どもがその日あたりのところにしゃがんで、しきりになにかしているので傍らへ行って見たら一生懸命仕事に使う大きな斧を磨いていた。おとう、これでわたしたちを殺してくれといったそうである。そして入口の材木を枕にして二人ながら仰向けに寝たそうである。それを見ると前後の考えもなくくらくらとして二人の首を打ち落としてしまった。じぶんは死ぬことができなくてやがて捕らえられ牢に入れられた、この親爺がもう六十近くなってから特赦を受けて世の中に出てきたがすぐまたわからなくなった。

これは柳田国男「日本残酷物語」の「山の人生」の美濃の国のある炭焼の話の一節で、この物語からかつてない衝撃を受け、これは一見惨めの極みだが人間生命ぎりぎりの美しさ、透明な生命の流れをもち、そしてどんな美しい自然よりはるかに新鮮であり、とてもヒューマニズムとか道徳とかと云う絹靴下のきめですくえる次元ではない、とこの残酷であるが痛切な命のやさしさを感動の基底として「忘れられた日本」（沖縄文化論）を書きつけたのが岡本太郎である。

先日、鍵田忠三郎氏に招かれて正倉院仮宝庫の払下げを受けた三笠温泉天平の間落成式に出席した。この人流行のアメリカに行かないで四国巡礼に敢えて出かけた人である。肥鉄土問題以来私が彼の事業の批判者であることを知り抜いて、人間としていつも温かい友情を注いでくれる人である、底抜けに豊かなドギモを抜くような抱擁力ある人である。

天平の風が遂にこの温泉にも吹いて、正倉院風建物が出現した。桂離宮が日本住宅の様々のグッドデザインにあることが文化の普及であるように正倉院風のものがここに建つことはいいことである。席上祝辞は例によって奈良俗化論への果敢ない抵抗であった。

しかし私は正しく奈良が俗化することが一番大切な問題だと一人考えていた。おとう、わしを殺してくれと奈良の古文化財が云っているような気が席上でして来た。その声に答えて炭焼き爺さんのような覚悟で、敢えて食わんために奈良の俗化を敢行する政治家が、果たして何人あるか。油田を掘り当てたように、新しい大俗化によって、奈良に巨額の富がころがりこんで来る。それで古文化財を充分に保存する、とでもいう俗化なら大賛成だが。目前の利益だけに妄執する責任転嫁ばかりのゴチゴチの官僚的エゴイズムはどうも。奈良が奈良らしくなるのはこれらが吹き飛んで天平の風が好むところを自由に吹く日にこそ来る。

（第63号　37・2・10）

俗化論の源流と終末

明治五年五月第一号発刊した「日新新聞」と云う油留木町金沢昇平、東向北町高平蔵の編集する奈良最古の新聞の第十号の明治五年九月廿日発刊のものに、「奈良の地たる四方運輸の便あるに非ず土地の名品あるに非ず、唯往古より布晒筆墨にて生活の基本となせしか、近年布晒大におとろえ、筆墨も従前と霄壌す。…たのむところは春日大仏の緒勝のみ。大阪開港せば、外国人の遊歩の地となること必定なり。有志の輩早くホテルを営築して、外国人来泊の便利を図らば、土地の繁栄豈挙げ云う可けんや」。つづいて第十二号明治五年十月二十日発刊のものに、「十号の右の意見に大賛成、且し具体案を示していない自分をして云わしめれば興福寺南大門あたりを修復することが先決と思うが如何と」とある（本学木村博一助教授の資料による）。

明治五年と云えば興福寺五重塔が二十五両で落札。火つけて焼き払った後の金物の値段として見積もられたもの。又今一巻数万円の天平写経か荒なわで数十巻たばねて古物商の店頭で一束五円の札がついていた時代である。これが奈良俗化論の源流である。

それから幾星霜を経て「俗化」と云う字が最初に現れたのが昭和三十六年九月十日読売新聞夕刊紙の「都市物語」に「俗化する古都奈良」と云う見出しで出現したのが始めである。同紙は三十五年二月七日「一つの提案」の中で「天平の昔にかえそう奈良県」と云う記事が出ている。つづいて週刊朝日「三笠の山に出しネオン」、週刊新潮が「千年の都を亡すもの」（昭和三十六年十月二十三日）。朝日ジャーナルが「『近代化』にあえぐ古都」（三十七年二月十八日）を出しその間に、阪本兵庫県知事が「奈良とは一体何なんだ」と発言、厚生省日本自然保護協会よりの意見書など、俗化と云う字が奈良と結びついてしまった。

俗化論争が明治五年以来少しも解決せず、対決と蓄積の上で歴史的に構造化されないで、ずるずるべったりの問題としてくすぶりつづけて来た。時々発作的にマスコミのレールの上にのせられて去来しただけである。この論争が真に奈良の発展のために共有財産とならないで次の時代に受けつがれたためしがない。問題がここまで解明され整理され、どこに後の問題が残ったかケジメがつかないヌエ論争で今後も終わりそうである。

関係者が云う無限責任とはつまり責任を負わぬこと。おみこしかつぎのような心理でわいわいと俗化論で騒がれるのは奈良自身にとって最大の損失であり迷惑であることもこの際、明らかにしたい。あれほどの大混乱の会場で開かれているフランス美術展には、誰もフランス美術の俗化論を唱えるものがいないのに、何故奈良だけが俗化の料理材料にされたのか、その深い原因をつきとめたいものである。どんな問題も歴史的構造の内に発展的に構成しないで思いつきの散発的のその場限りのものにする日本国民思想の宿命からかもしれない。

（第64号　37・3・10）

何にもない

美しいものであっても美しいとは云わない、そう表現してはならないところに奈良古代芸術のきびしい、そしてかぼそい美の姿がある。美を意識して生産したものではないからである。外側に向かって悲しげに又は嬉しげに訴えて心をふるわせる、アウトサイド的物語が多い時代に、内側に向かって奥底にさぐり入り、どこまでも弾き込んで行くことが大切である。外に向かってひびきを高らかに効果を証しするよりも、内に向かってかきならす心の竪琴をもちたいものである。生きている証しを外に求める空しさを思い知りたい。

つまり「何にもないということの素晴らしさ」。これだけはどんな下手な政治にも人工にも亡びないものである。絶対に見世物にならない潔白さである。

ゴタゴタと結構なものがあり過ぎるのである。その上保存と云う美名に酔わされて滑稽な慾望の体系にいつとはなくあみこまれて、しみったれた工夫や経営が大切になる。古代芸術の美の本質とは全く無関係のもののため狂奔しやつれ果てる。その上つむじ曲りの、妙に偏屈な人間が珍しさにひかれて入り込む、奇矯な迷路を自分から作りだしそこにいい気になって、溺れ果てるこぎれいな天邪鬼が氾濫している。

「何にもないこと」に眩暈を感じることが出来なければ、もう美の原型に見離されたものである。「あなたそんなに心にハチマキをして苦しいこじつけまでして無理に感動をなさらなくても」と忠告したい人に近頃よく出会う。感傷の不協和音ははた迷惑でさえある。その辺の犬のクソにでも感じられる世俗の感想を、わざわざ亡びを運命とする古代芸術を煩わして訴えなくてもよさそうである。

「何にもない」ことを求めて、般若寺の荒廃した庭に投げ出されている枯れた巨木の根のかたまり。激しい雨に洗われた飛鳥の石舞台の周辺。そして最後に野末の果てにささやかに立つ秋篠寺の、伎芸天を祭る金堂の内部のたたずまいを連続して訪ねてみた。秋篠寺のもののおき方は決して名刹の権力でなく、全くかつてない意味と云うものを全くうばいつくしたならべ方である。この寺には「何にもない」、いや何かあってはならない激しい拒絶の精神。その拒絶の精神さえない。ここにあるものがあるがままに、そのままニヒルの虚空につながる不思議なたたずまい。美神とはこのようなものでなければならない。伎芸天がありながらそれがそのまま「何にもない」のである。（第69号　37・8・10）

石舞台によせて

この世の中でモチーフになったもので消却出来るものはすべて消却したのち、知恵と冷笑の怪物の謎にただひとりでたちむかって行くことが出来るものが、日本のスフィンクス石舞台である。

歴史的考証さえ消却してその上死者は死によって生を完結しているが、死者とのつながりを切断した生き残っている私にとって、これは純粋に孤独の死の門である。死者とはやむなく和解することがあっても石舞台の前に立って私はかつて一度も和解したことがなかった。

久しく前から陶酔と感傷による大和古寺の美術に疑問をもっていた。

この石そのもののもつ強靭な構造と地肌には何か恐ろしい底の深いものが潜在している。マチィエールそのものがもつ、構築即表現とでも云った関係である。

観光とか翫賞とか云うことのため原始的有意義性がいつとはなしに硬化し肥厚してマンネリズムになる。遂に観光案内制札の説明板のようなものになりさがる。

対象を消却するかそれとも自分を消却するかこの和解の道が絶えた孤独感の対決を石舞台の一番大

切なものに私は勝手にしている。

（第80号　38・7・10）

破壊への招待状

三笠山にネオン、万葉歌所佐保路にアメリカ風遊園地、興福寺五重塔前に高層ビルの県庁舎、と一つ一つにめくじらをたて静御前の繰言よろしく、「奈良の都市美は俗化した、亡びた」とわめきたてるは美しい流行の一つである。

しかし私は近代文明と商業開発主義の前には亡びるものはいさぎよく自ら亡びた方がいい。亡び仕度の美しさからくる崩壊の美に都市美を見つけている。古文化財という破壊への招待状を内に抱いているところに、古都のせめてのいのちが潜むと考える。だが良識ある大方は俗化ではない単に混乱である。破壊ではなくむしろ繁栄だと交通麻痺から公園のゴミまでを明るく弁解しながら、都市計画という機能美から専ら描き出した結構ずくめの青写真で、現在の歪んだ継承物に接木した新しい枝に、咲くであろう未だ見ないものをまこととする未来像的ビジョンの美学で、落第せんとする都市美をかろうじて救済しようとする。

平凡に考えればパリの美しさの大半は、その庭園や樹木そして白壁に負い奈良の美は静寂と質的なところにある。自動車がどんなに氾濫しようが人口の過大集中があろうが、解決出来ないスラム街が秩序を脅かそうが、水と空気が不足しようがそんな混沌さには絶対に亡びずビクともしないで、他の都市のもっていない個性ある土根性があるかないかということが都市美の素顔である。

原爆の洗礼で尚崩れない長崎の異国的情緒、工業化の渦中にあって古い昔の面影を失わない倉敷、近代化のただ中で王朝千年の雰囲気を温存する京都など、そんな都市がまだまだあることは嬉しい。私の故郷東京は怪奇な群化合成都市だが、今は新しい変貌を遂げようとしている。これは日本人の都市美の限界と能力を示す実験で、オリンピックの勝負などより遙かに関心をもっている。見せるための外から都市でなく住むための都市として果たして改造出来るかと云う点でも。しかし都市は悲劇的破局がない限り、営々と建設したものを次の代に新たなものを作るため破壊するという、無限循環の宿命から逃れられないとすれば、せめて次の時代に破壊に値する高貴で血統正しい、「破壊への招待状」を内にもつことが「美」の条件である。（一部毎日新聞掲載のものと重複）（第81号　38・8・10）

自然と歴史を守ろう

ここに掲載したものは地方制度調査会現地視察に際して府県合併問題懇談会で発言した要旨である。要は民族の自然と歴史を守りたいという一言につきる。

（一）賛否より条件・方法が先決。

合併問題の賛否を白黒を染め分けるように表明するよりも合併の条件、方法、基本計画を明らかにすることが先決である。賛成か反対かというよりも、様々のニュアンスがあるべきだと思う。現在は賛否以前の状況である。

（二）住民の意思決定のための資料と方法が必要。

現在はそれぞれの思惑の立場からの、印象的な賛否が多く、問題を住民の福祉の立場から原理的に積み上げるために、客観的な共通資料の提供により県論の大勢をつくる必要がある。

（三）合併に対する国の方針の細部を明確にしないと賛否は決定できない。

1 国土全体の広域行政の透視図を示すべきである。

2 合併により、商工都市大阪の分散と、農林を主とする上に特定の文化圏をもつ地方としての奈良県との格差解消が、どんな形で現実に具体化するかを総合的に示すべきである。

3 阪奈和合併の必然性を示すべきである。他に「大阪京都兵庫」「京都奈良滋賀」「大阪兵庫和歌山」といった組み合わせも考えられる。

4 阪奈和合併と近畿整備圏との関係。その中での合併の基本構想を示してほしい。

5 合併後の国自身の縦割行政の弊害をどう処理するか。

6 合併の場合議員選出は、単に人口比率によらず地域面積を加算して定員を算出すべきである。

（奈良県は明治七年堺県に、十四年に大阪に合併したが明治十八年の風水害で十津川河川改修費の予算をけずられ、また地価修正を大和は除外されたりして「失うこと多く得ることなし」「鞭撻は受けたが奨励をこうむらない」などといわれて同二十年再び独立した。議員定数の少ないために受けた不利であった）

（四）奈良県の特殊性の認識が不足している。

1 合併によって古文化財、史跡、自然風景の保存が確実に守られることができるかということである。

2 小県であるため却ってキメの細かい行政が行われたが、広域行政のため弱肉強食になり、ギブ・アンド・テイクなどという美名のもとに、イソップ物語の狐と狼の話のようになる可能性が

である。

（五）結論

1　経済産業道路行政能率の上からは合併はプラスになる。しかしその繁栄は山は緑、空気は透明、太陽はにごりない自然的条件を破壊することによって得られるとすれば、経済的視野から一歩出て人文的立場から考える必要がある。

2　巨大化現象には弊害があり、これをあらかじめ見定める必要がある。自らの思惑と、他に対しては断片的な目前の利益誘導の形で合併を進めることは、住民の自発的意志を殺してしまうことになる。

3　現在の都市は農村より流出した人口を含むいわゆる「群化社会」で秩序の風化により、これと合併することで奈良県の封建性打破に役立つ。一方に浮浪化が蔓延して地方自治の基本体質であるローカル性を失う。モデル合併のために小県奈良がモルモットになることは地方自治の破壊である。

4　要するに現時点では合併に反対すべき資料の方が賛成すべき資料より多い。広域行政の理念には何人も異存があり得ないが、現実との断層にかけるきざはしが欠如している。百年前の廃藩置県当時の古い行政区域を、そのまま合併しようとするところにも問題の所在がある。また、中央集権的な地方自治に怒りをもつ住民は合併による小型中央集権の出現をおそれたい。

（第100号　40・3・10）

飛鳥の音

飛鳥と云うところは不思議な呪いが漂っている。その点で恐山と似ている。シャーマニズム的風景として後世に遺すべき貴重なものである。

未だにドイツ観念論風の虚飾にみちた高踏的な仏像解説や、物によせておのが風懐を述べると云う和歌風のひとりよがりに恍惚したいや味にあふれた古寺解説の横行する現代に、飛鳥は一切の饒舌を拒んで静かに人間が美のとりこになる以前の形として対決する。

このさりげない風景こそ物の怪が魔のように通る。石舞台に出合って、歴史のなかの権力を語らずにいられないような悲しいさがをキッパリ捨てるべきである。むしろ発せられつくしてこれから語ろうとする音のないカラヤンの「運命」を指揮するベルリン・フィルの巨大で、不思議な魔力ある姿との相似を思うべきである。飛鳥は一つの音である。

その飛鳥もこれを守ろうとするちっぽけな善意や親切同情で逆に目も当てられない荒廃がしのびよっている。

古文化財を大切にしましょうと云う、積善の家に余栄ありと云った風の道学では飛鳥の原型は救われない。せいぜい田舎の観光地と化してあさましい文化財乞食根性を出すだけである。雷の丘に近い小さい岡に立って飛鳥の風物を眺めると今までの慣習的の考え方に「訣別」の必要を思う。

（第114号　41・5・10）

鎌倉。瘦せ尾根である貧弱な山の稜線。いまにも絶え入りそうな薄い緑地。塩害で気息奄々として立ち枯れ一歩前の一本の名もない樹木、そうしたものをいたわりいつくしむ心がいたましいほど私達の胸を打つ。奈良ならこの程度の山も木も緑もはいて捨てるほどあるが、鎌倉では掌中の玉のように大切にする。神経で自然を愛している。そう思うと自然と歴史のめぐみに溺れて奈良の人はあまりにも鈍感である。

「鎌倉風致保存会」と云う寄付行為を含む市民の各層を完全に網羅した主流が、あらゆる政治的対立や小さいサロン的徒党根性を越えて堂々とした世論となっていたのも、とかく弥次馬的になり勝ちにくらべてうらやましいことであった。

鎌倉在住の狩野近雄委員の御厚意で、建長寺の廟所照堂を拝見出来た。大佛次郎「帰郷」の主人公が、ヨーロッパから帰ってここを訪れ、初めて日本に帰った実感をしみじみ味わったところ。広い冷たいほのくらい石だたみのしきこめた堂内の奥に、ただ一つの灯籠が灯油の光を淡くてらしているだけで外に何一つない虚空のきわみ。一切を激しく拒絶する断崖のような凍りついた世界。狩野氏の云う鎌倉が今に昔を伝えるただ一つのところ。一切の解釈を捨て去った無言。外に出ると一面の紫陽花の花盛りだった。

❖

京都。みやこホテルの夜は終夜雨だった。雨が身にしみる古都である。大覚寺から広沢池あたり嵐気立ちこめている。このあたり昔落人の住みついたところだと云う。嵐気は湿気の一種だから健康によくないと云う説が出た。しかしこの日本的頽廃がこのあたりの千年の風景を作ったのではないか。

古都保存法の地区として京都市が出した案の外に、専門委員会で上賀茂、円通寺を含む北山地区が加えられたことは、一つの古都像が自ら雰囲気としてかもし出されているためである。

千年の公卿文化がそのまま素直に近代の中にいきづいているためか、奈良のような異質断絶がない。まことに「古都」とは京都のためにのみある言葉である。

❖

奈良。久しぶりに奈良に帰ると、矢張青垣山にかこまれ古代の巨大な「形」がそのまま現代に遺物として残されている。それは鎌倉にも京都にもない貴重なかけがえのない異質の風土である。

しかしそれにしても飛鳥や西の京が、住宅地のためたちまちに荒土と化してゆくいたましさには声を上げることさえ出来ない。法隆寺山門前のポンコツ屋は何がために存在するのであろうか。吉田清一委員は今度の指定に万葉の風土二上山を含むべきことを主張された。（以上は歴史的風土審議会の専門委員として六月八日・九日・十四日にわたって三都の現地視察した感想の一端である）

（第116号　41・7・10）

歴史的風土保存法に思う

七月十四日朝日新聞奈良版に、万国博対策小委員（私もその一人だが）答申を「何れもさきに県に出したものばかり、すでに誘致の見通しがなくなった国立青年の家まで含まれ、かんじんの県独自の具体案がない」と批判を掲載している。そのうち国立青年の家は昨四十年度予算では見送りになったが、四十一年予算では最有力になっている、新しい事実は御存じないし、県独自の具体案がないときめつけながら、同紙本紙の翌十五日社会面トップで「文化財県外に出さぬ」という奈良の独自の方針を、同じ「奈良発」の記事で大きく掲載している。文化性の高さでは自他共に許す朝日に於いてさえ、文化記事の扱いは一貫性をかき、完全な二重人格である。しかしそれは一例に過ぎないし、日本の文化政策の二重性の象徴でもあろうか。その自ら一貫性を欠く朝日が、県の風致行政に一貫性がないと、事あるごとに、指摘しているのも面白い。

しかし先日東京で開かれた、第三回歴史的風土審議会総会である委員が、三笠温泉の風致を今日まで設置した県の怠慢について強く非難したのに対して、委員の一人である奥田知事は、珍しく激しい語調で、三笠温泉が民有地であること。それであるのに何の補償もなく、法的強制もなく、風致のために県民が協力してくれることを私はむしろ感謝している。その意味で、現在の状態が行政的にギリギリのところで、私は自分の政治的限界で努力していると考えている。

正直に無指定のままでは三笠山を守ることのむずかしさを告白した、この答の中にむしろ風致行政の一貫性が示されていた。

ところで古都保存法は、この一貫性を解決したであろうか。文化財保護法の史跡・名勝・天然記念物・重要美術品の指定が、純粋な学術上の立場から散発的に無限に加算されて行ったのに対して、古都保存法は一つの秩序をもつ、価値体系に裏づけされた中心をもつ構成体としての、統一性を含む「古都像」を確立することにある。しかし地区の指定に当たって、古都的名勝や、史跡をコレクションするということに将来なる可能性がある。史跡で指定したものを、更に二重に指定したり、一般地区の制限が風致地区より弱かったり、保存地区はあるがその中に特別保存地区がなかったり、一貫性を欠く矛盾がある。特別保存地区の行為制限がきびし過ぎるために、地域が非常に縮小して、文化財を中心とした周辺の景観が無視されたりする。

景観は主として自然景観に重点がおかれ、人文景観がやや軽く考えられる傾向もすでに出ている。風土というのは、単に歴史的自然景観だけでなく、そこに住む人間生活のすべて産業町なみなどを当然ふくみ、それを主体的に把握したものと考える。この法の出発が史都鎌倉から始まった、自然風致重視の鎌倉的価値判断が法成立後にも残され、そのまま奈良や京都の古都性と合致出来ない矛盾が現れている。

文化的遺産の保存が同時に開発でもあり、それを都市計画の機能をもつ建設省が中心になってやる、この法は開発が、遺跡や文化財の問題に主導権をとることは当然である。文化的遺産を経済的資産として活用する、そのため単なる保存でなく「保存開発」であり、文化遺産を現状のまま凍結するだけでなく、都市計画による積極的環境整備を意味する。このことによって従来の「保存か開発か」というパターンは消えて行くとしても、果たしてこのことで「保存」と云う本来のこの法の精神が達せられるであろうか。

特にこの法の生命は買い上げを裏付けにしたこと、そのために特別指定地域がある。しかしこの特別地域の決定が、すでに文化財保護法で指定された地域から一歩も出ないとすれば、根本的にこの法は意味を失う。この法によって観念的に「古都像」が確立されたとしても、現実には現在の無秩序な混乱のまま、放置されるとすれば、古都法はザル法になる。図面の上で指定して、法例を出すということだけでは、古都は救われない。そこを吹く風、そこに横たわる土が、目に見えて守られてこそこの法が生きる。古都法が一番解決しなければならない、特別保存地区のことがまだ残されている。総てはこれからだという感じである。

（第117号　41・8・10）

開かれた孤立——飛鳥への提言

未知への冒険がもつ熱気に満ちた賭けが交錯する、混沌の可能性を宿した胎動期はもう私には過ぎ去った。華麗な心のはずむ熱っぽさも消えた。生命の錯綜執念、愛憎が消えて行為の軌跡が静かに浮かび上がって来る。

そんな気持ちに一番印象的なのは石舞台の構成である。石ばかり描いているある画家は石舞台を見て未だどうしても古墳に見えたり恋しい人の顔に見えたりして仕方がないと云う。そうした一切の意味を奪取して分類を拒んで後初めて純粋に未知なるものとして画材になる。それでわざわざ石を描く甲斐がある。

孤独などと云う虚名に甘えて、ひそやかに意味ありげに語ることは止めたい。「開かれた孤立」のもつ豊かさを、私は何にまして石舞台に感じる。使用目的の意味を遙かに昔失った酒舟石を見て、新しい目を開いたある西欧の作家は新しい発明をしたと云うのも、この石のもつ開かれた孤立である。ピントをぼかすほど却って像がはっきり写る迷説的のスライド。飛鳥の石の群に求めるものは何者も思わせない断絶と飛躍である。願わくば流行を追って現代風に観光化したり、説明過剰なおせっかいな石の博覧会や博物館にしてほしくない。古代はあくまでも古代らしくここには太古の沈黙が永遠に支配するところでありたい。

（第119号　41・10・10）

眺望感について

アメリカのフット・ボール場の観客を見てジョルジュ・デュアメルはこれこそアメリカの「新しい寺院」であると叫んだ。二十五人の好漢が息を切らしている一方に四万もの大群衆がそれは魚の群、蜜蜂の群、蟻の群であるが微動もしないで風邪をひきながら、シガレットをくゆらせ鍛錬するものは声帯だけと云うこのスポーツは一体何ものか、同じことは日本の大野球場にも通じる。これら大群衆の自らの運動といえば自動車の運転かゴルフぐらい。一切は代償経験である。このことはテレビ（これは日本の新しい神棚である）の熱心な視聴者の大群にも云える。ゆたかな生活があればこのようないじけた代償経験にしがみつかないことだろう。アルプススタンドの外野席から眺望する見物的人間の代償経験のはんらんが現代の象徴である。

しかもこの眺望感の本質は仮借なき量化である。何某の打率〇・二七三の打者であるとかスコアに一点を加えると云う数字がすべてである。質ではなく量だけであり、いのちを抽象した上にはるか遠くに投棄した眺望感である。

近頃出来た古都保存法の規則を見ると、又風致保全の処理上にこうした眺望感だけで事をきめることがある。一つの建築物の可否を周辺からの眺望景観だけの一点から高さやその他を制限する。建造物と云う一つの物として考える。こうなると京都御所も桂離宮も建築物と云う点で同格である。野球見物人的の眺望感だけで風致を片づけるのは代償経験である。

平城宮跡の空間や唐招提寺の境内は単なる野末の果てになる空間ではなく古文化・学術の結晶を凝縮した緻密構造である。単に普通に云う景観として美感をととのえると云うだけでは解決にならない。近頃県観光課がくずれ行くついじを保存しようとしたり、芝草を修理したり、リスのエサづけをして公園を守ろうとしているのは一見めだたない底辺からのいとなみに見えるが、こうしたことの集積が公園の美を質的にまもることになる。眺望でだけあれこれ論ずるよりも、この「する」ことの方が単に「見る」ことの方より大切だからである。

（第125号　42・4・10）

敢えて飛鳥に提言する

「雷の村にかけて飛鳥川は今でも昔を偲ばせる面影をもっている。」「川原寺附近の磧の砂は実に美しい。磧にせきれいが飛んでいる。」「島の庄附近にくると川が村屋の垣をこえてゆるやかに流れている。土塀がある。藪がある」「剣池にくると急に明るく空気がすみ切っている。この池の堤から古い村々を望めるところで春先きなど実にのんびりしていい気持ちである。小高い丘から大和三山を一眸の下にながめられる」

これは今から三十年ほど前の随筆にある文章である。まるでウソのようである。今日の飛鳥は静かだという。また油絵をかくと直ぐ解るが、白毫寺あたりより高雅で基本色が全く異なるほど品があると画家はいうが。

これから三十年したならばどう変わるであろうか。

文化財を景観として見ることがたしかに決定的に欠けている。まして目に見えない埋蔵文化財とか神話又は文学的の伝承や説話の場合には単に田園の牧歌的風景だけを取り上げる。

その上に人文景観を無視して自然地理的な景観だけで保護するとなると尚更である。史蹟とか文化財と云うのは何れにしても散発的のばらばらのものである。全体の綜合像として考えようがない。

それでは景観計画や都市計画で解決出来るかというと現実的に解決することが容易でない。

そこでさし当たり飛鳥に提言したいことは、観光とか史蹟とかにだけ村の生きてゆく方向を改めて、都市近郊農業として新鮮な野菜をてがけて土に生きる農業で先ず豊かな生活を確立することである。そのことが結局は耕作地と水田を確保して景観に役立つことになる。

飛鳥全体の土地を最大の生産力を発揮する土壌保全論が生きてゆく道である。そのことで村民自身の生活空間をつくることになり、それが同時に大和の自然景観の軸となる。西欧の田園風景が厳然と存在していることを学ぶべきである。

一銭にもならない裸やみどりの草原の土で万葉集だけをたよりにしても飛鳥は亡びるばかりである。まず農業構造の基本改革が先決である。それが工場にも宅地にもならないで飛鳥が生きて行く最後の道である。

（第137号　43・4・10）

「古都」の化身　脇本さん

八十八才をすでにいくつかこえて、半世紀に近く村長をつとめて来た人。それだけでも貴重な存在である。もう十年近くも昔のこと、村の中学校で家庭教育学級のあいさつに立ったこの老人は、熱情をこめて「私たちの村は『日本人のこころのふるさと』だといわれるのでその期待に背かないようにしたい。どんなに私自身がつらい立場に追いこまれても飛鳥の美しさだけは失いたくない。

この景観を損なう住宅団地や工場は絶対に誘致しない。俗化を助長するような政治はしない。しかしこの村は人口も少ない貧弱な農山村にすぎないが古都としての誇りは絶対に失いたくない」と語られた。その後何時どんなときにもこの信念を説き体当たりで来た古都を支えて来た人。

勿論明日香村前村長脇本熊治郎氏である。私も何度か特別保存地区の用件をかかえて村長室をお訪ねしたことがある。温顔をたたえて実に柔らかな春の日ざしを思わせる人であるが、シンにはがんことも云うべき熱情と信念が貫いていた。古都保存法に対してだれよりも全面徹底的の協力を惜しまなかった人である。

京都は「古都」である、奈良は「古都」の資格がないなどという議論のある中で、おそらく「古都」を一番純粋に守り通して来た人は脇本さんである。この人のやせた枯れ果てた姿を仰ぐと古都が一つの生物として息づいているような感じで一杯である。

いつまでもすこやかに「古都」のために御元気にお暮らし下さい脇本さん。あなたが存在する限り「古都飛鳥」は絶対にほろびないからです。（第145号　43・12・10）

明日香曼荼羅の構図

混迷久しかった明日香の保存に、やっと一つの血路が開き始めた。堀木謙三歴史的風土審議会会長と奥田良三知事の熱意で、建設省と県で四百二十万円の調査費が本年度計上された。はじめ歴史的風土審議委員会では明日香村史蹟公園化の都市計画のため、八百万円を国に要求したが、その半分がついた。

これによって住民の意識調査の資料を基本とした、総合計画策定委員会が発足し、明日香保存の軌道がひかれた。（詳細は二月廿日と廿一日の朝日新聞全国版）

基本的の前提として、明日香村民の犠牲においては保存はしない。これが至上命令である。当然ここに補償の問題が生まれる。従って村民の生活水準向上のための産業構想と、総合計画が先行することは当然である。農村としての改革計画が、実行可能の基本の上で村民が自得出来る線を、保存と合わせてどう考えるかということが何よりも大切な第一の課題である。

この基本命題を前提として、次の五点が問題点となる。

第一は、明日香の自然景観の構成拡大である。丘陵・森・山岳・水田の保存である。このためには、特別保存地区と風致地区の拡大と規制の特別な強化が必要である。

第二は、明日香独特の集落の修景である。これには民家（大和造）、河川（飛鳥川）、街路が一体となって人工景観としての保存対策である。これには解体と再構成が行われるので、都市計画の手法が必要である。

第三には農業を基盤とした田園景観の確保である。水田、畑、果樹園などの現状維持である。そのために保存のための断絶地区の設定と共に徹底的な開発地区を村内に作る必要がある。

第四には史蹟文化財の保存と、これを一体化する「明日香史蹟歩道」の設定で、観光道路は産業道路と区別する、車道と歩道を区分することである。これは将来像として明日香全域を公園化するための基本体系である。そのために現在施行済みまたは計画中の有料及び農免道路体系は、根本から統合計画の上で改める必要がある。

第五は、以上を総合して明日香保存の終局に於ける基本的アイデアをどこに求めるかと云うことである。私の提案である「有料史蹟公園」もその一つである。以上を実現するために特別保存地区の土地の計画的買上げが必要になる。その周辺はナショナルトラスト（観光資源保護財団）的の発想が必要である。

これらの策定が先ず村民自身に理解出来るために、一つの具体化的の模型または絵図が必要である。いうなれば一目見れば解る視覚に訴えた明日香曼荼羅を作り上げることである。それは単に感傷の流露でなく、極度に精緻な「つくられたもの」である。

更に目を明日香という一点に顕微鏡的に小さく集中するのでなく、近畿圏の中で、更に日本の国土計画の中でしめるべき将来の予測が明確に説明づけられねばならない。

まだまだ明日香保存の道は、下限には地域社会としての明日香村民の自主性、上限には国の誠意と経済的処理が問題で、遠くはるかに困難な前途を思わせる。

今や明日香は消滅か保存かの岐路に直面したことはたしかである。

（第160号　45・3・10）

明日香村のある一つの動向

明日香村は明日香村民のものであると共に、飛鳥のロマンいつまでもと願う国民のものである。もはや単に偏向した明日香村民一部のものではない。全体として傾聴すべき論も多かったが、一部にこの認識の欠如をまざまざと見せたものが「史跡研究会」主催の村民大会にあったことをここに指摘したい。

主催者の名にちなんで一番期待した史跡の保存については、何一つ具体案らしいものが出なかったのもまことに奇妙なことであったが、村民のなまの声を反映するという美名にかくれて「未来を考える」という標題にもかかわらず、理想の旗をかかげることなく、むしろ史跡破壊論者の言動を支持するが如き不純な工作が、衣の下に印象的に見えたことは残念であった。特に青年こそ明日香の未来をかける改革の原動力であるべきであるのに、青年団不在で、副団長のこの点に関する質問と意見を、やみくもに一方的に圧力を加えて封じこめたのも前途に青年不在の印象を与えた。婦人会の発言も一人もなく、始めからある意図のもとに提案者を選び、表面は自由発言の如く装わしめるようなあり方には、一切の内外の批判をこばもうとする狡猾さがかくされている。そこには何一つ学問を愛する青年らしいものが私には感じられなかった。

明日香村のことは村民自身が決めるべきだと、当然の傾聴すべき正論を出しながらそれに答える何ら具体的構想の断片さえも出しえなかったことも矛盾していた。

明日香は飛鳥人のものであると共に、全日本国民のものであるという一番素朴な視点さえ明確になし得ないで、ある種のものを意図した、ねじれた鎖国性を露出する方向に導いた責任者は将来、飛鳥保存に暗い影を投げるであろう。こうした村に、尚あり勝な陰惨なセクト主義・封建制が、一種の精神的遺跡として今日なお温存して「私事には鈍感」、「公事には鈍感」、「心情欠落の民」として誤解され、国民のための飛鳥という開かれた一面が軽視されることに万一にもなれば、残念なことである。明日香村民が今日まで捧げてきた熱情と犠牲を私は誰よりも高く評価しているだけに、今にして空しくしてはならない。

尚、村民への還元としての保存上の有料制に対して、村民を見世物にするとの批判があったが、寺に拝観料を納めたからといってそこの住職を動物園の猿とは誰も思わない。入村者は村内で働く農夫を見物するために料金を払うのではなく、景観に対する受益者負担の思想から支払うのである。すなわち、駐車料金を支払うのと少しも変わらないのである。

尚、この案は「朝日」の村民意識調査では六〇パーセントの賛成があったこと、各報道関係が一つの試案として取り上げたこともつけ加えておきたい。ものの本質を理解できない人には答える必要はないが、念のため書き加えておきたい。

（第163号　45・6・10）

飛鳥メモ（1）

❖

如何に守るかという方法論よりも、何故守るかという原点確立が先行しなければ、一切の計画も構想も空しい。それをただ「心のふるさと」などという形容詞では不可能である。そうした莫とした郷愁というよりは民族の基盤に流れる歴史的追体験への必然性にある。

しかしそれは単に過去にさかのぼる精神の方向だけでなく、むしろ未来に向かって自由に独創なし得る空想的空間への探求であろう。

更にそうしたいとなみが個人的な孤独な発想でなく、社会政策的な意味をになうところに飛鳥の問題がある。単なる田園ブーム、復古情緒の流行ではないことは銘記したい。

❖

次に飛鳥保存の方法の基礎は住民参加の方式にかかっている。それは単に住民の苦情を集積して処理するだけでなく、飛鳥計画への自主参加である。私はこのことを明日香村の青年の情熱と叡智に期待している。

❖

飛鳥の基本宿命はあくまでも保存である。現代で意味する開発の否定である。開発の美名で甘やかしたり誘惑したりすることは、村民をあざむくことである。従って開発と保存の問題でなく「保存」

と「くらし」の問題である。従って、村民の全てが何等かの制約を受けることを前提とする。この大前提に立っての完全補償制度の確立である。従ってそれはダム開発の補償とは根本的に異なることを覚悟しなければならない。この際明日香村民に実行も出来ない「うまいこと」をならべて、甘言で誘うことなどは絶対につつしむべきものである。むしろ本来の日本に残すため、敢えて現在は共に苦汁をすることを明確にすべきである。

❖

飛鳥問題の根本は住民生活の基底である「土地問題」である。これは私権尊重の核であり、完全な商品である。この土地の所有権、使用権を如何に補償するかということを、私は最近「修正案」で明らかにした。次に飛鳥景観の骨子である農業問題である。農業はあくまでも高能率性収益を上げる合理的企業でなければならない。それと共に国土計画の中では、緑と太陽と水を都会の人に提供する「芸術公園」でもある。

❖

飛鳥保存問題を外からの声でなく、村内の内部から湧出する自主的の声としなければならない。外部の人の発想には支配されたくないという気持ちは解る。しかし一面全国民の声をきく情報の集積も必要である。自主的であることは大切だが鎖国的になってはならない。

❖

心なき村外の人からの雑音を防止しようとする村民の気持ちは解る。そこで「飛鳥村休村案」を先日「朝日ジャーナル」に話した。勿論これはユーモアで笑い話として受け取ってもらいたい。ただ冷却期間が必要だと、混乱と疲労の兆しがみえはじめた村に提言したに過ぎない。私自身もしばらく過熱化した飛鳥問題を静観したいと思っている。そのことが先日某紙に誤って伝えられ、一部村民の誤解を受けたのは残念だった。

❖

「聖徳太子ふるさとに帰る」とか「飛鳥胸算用」とかいわれる声もあるが、明日香村民はあくまでも純粋素朴をいのちとして、岡寺胎内仏のような、くもりなきさわやかさをいつまでも大切にしてもらいたい。飛鳥の景観保存より、飛鳥人のこころの方が遙かに大切であるからだ。それにしても明日香の青年に飛鳥の将来を私は信頼をもって期待している。

（第164号　45・7・10）

飛鳥メモ（2）

❖

飛鳥の「はかなさ」と「もろさ」と「こわれやすさ」がどれだけ理解されていることだろう。飛鳥の景観は「尖端」の形象である。わずかな変化も頂点から深淵にもんどり打ってころがりおちる。「すべてか無」の法則に従う。

住民の生活と保存とがほどよく調和する妥協点が果たしてあるだろうか。「調和」より「優先性確立」が必要である、道路をつけ、施設もつくり、そして尚《なお》飛鳥保存の道を模索することが果たして可能であろうか。

企業より人間を。人間よりも自然を。と云った優先性の確立から、企業との調和などと云う妥協をやめて、やっとふみ切ったところに公害問題解決の最後の途があることに気がつきはじめた。「自然の優先」を確立することで人類の滅亡をくいとめ得るからだ。飛鳥保存の問題も終局的にはこの「保存優先の論理」でなければ解決出来ない。

❖

観光地としての飛鳥を色々配慮することは、末の末のことである。見せるための飛鳥ではない。歴史や文学のためだけでもない。それは国土計画の中の一種の真空地帯であると私は考える。「われわれの風土に、風土の形而下的制約に完全にうち克って、形而上的な次元へ垂直に上昇する観念が存在しなかった」とかつて服部達は云った。今までにかつて「未知なるもの」への観念の造型がここに始まる。これが飛鳥の価値である。

坂本太郎氏が歴史センターに疑問をもったのも、森本孝順長老が明日香村の行き方に批判の目をむけたのも飛鳥の本質が何であり、何故保存せねばならぬかという「保存の哲学」をはっきり直視していたからだ。

❖

飛鳥の問題は「政治のきまぐれ」にまきこまれた単なるブームではない。それは民族の必然さが呼び起こしたものである。ただ問題は呼べばこたえるような純粋な気迫が欠け、人生意気に感ずる捨て身の構えをかいて愚痴、苦情、不平の陳列会に終わらしめてはならない。道路が少し広くなり、ゴミ処理場が出来、観光案内所と観光用公衆便所が出来ただけでは無意味である。

❖

精神的景観としての風土は現状のまま凍結して、受け身の立場で受納するのでなく、人間によって働きかけ、つくられる風土であることを飛鳥に求めて国立公園協会発行の『国立公園』七月号に「古文化財と風土」と題して私は改めて国立飛鳥有料史跡公園を提案した。

（第165号　45・8・10）

飛鳥メモ（3）

❖

都市化と繁栄の中に果たして小さな「村」ともろい「自然」を残すということは、そこに住む七千の住民の立場を無視した空論ではないか。近頃、難航する飛鳥問題を思うと、そのようなニヒルの感じが心のどこかで湧き出している。（東山魁夷と総理とのテレビ対談を聞いた感想）

❖

土地私有制度の中で何らかの公有化がおこなわれることが、果たして承認できるであろうか。自分の土地でなくなった土地に国土愛を持てということに、一つの矛盾があるのではないだろうか。土にしみついた人間の欲望、どこで断絶できるか問題である。飛鳥がこれからいかようになるにせよ村民の私有権、「利益追求の自由を尊重して」、しかもなお保存計画が考えられるだろうか。国の基本方針への期待は、結局は住民自身の選択と決意に待つのではないだろうか。なぜ村民の意見が割れたか。

それは、これまでの文化財行政の被害者であり、観光ブーム被害者であり、国民的要請、公共性の美名のもとに、私権の侵害と生活の規制をなにが故に受けとらねばならないか。

この問題の為には、住民の自主的意見の熟するのを待って、明日香村民の手によって飛鳥保存の理想の旗を揚げるまで、我等は坐して待つべきではないか。都会人達の安易なセンチメンタリズムや、観光ブームをズバリこの際は断ち切ってほしいものである。そして、さらに政治的な色彩によるセンセーショナルな扱いを、一日も早く脱却しなければならない。今や飛鳥保存は、今一度原点から整理して、七十年代に於ける環境保存の問題として明確に考えるべき時である。

❖

それにしても、誇りある動物園の猿は、利益だけを求めてのたうちまわるエコノミック・アニマルより、はるかに高貴であることを今一度村民に訴えたい。なぜならば、肥えた豚よりは、死刑に処せられた痩せたソクラテスの方がはるかに高貴であるからである。

（第166号　45・9・10）

古都保存連盟発足

破壊される古都の文化財や自然を新たなる視点から守ろうと、鎌倉、京都、奈良の三古都の文化人が中心となって、かねて設立をすすめていた「古都保存連盟」の創立発起人総会が、明日香村で去る十月六日、七日の両日に開かれた。

三都のほかに太宰府、平泉、大津、仙台、向日町、沖縄にも呼びかけた。提案アピールとして、

①大量破壊の波から風致を断固守るため、将来に悔いを残さない開発と建設を国、府県、事業主に

要望し、道路建設、宅造、観光施設などの施工業者と連絡を密接にする。

②単なる凍結的保存でなく、積極的に新たな発想をもとに、創造修景をする必要がある。たとえば、南平城山人工築造計画や、大和平野に散らばっている鎮守の森をつなぎ、蛇行的曲線の緑地帯を作る提案など。

③単なる線引きでなくきめ細かな段階規制を設ける必要がある。特別保存地区が無規制な未指定地区や規制の弱い地域に直接接続する弊害を避け、その周辺を囲むベルト地帯をつくることを行政当局に要望する。

④歴史的風土の保存には、土地の私有権、住民の生活を重視する一方、これら保存へ住民自らの創意工夫することを国民運動として展開する（例えば妻籠宿＝長野県＝の保存計画）。

⑤風致保存に関する行政上の審議機関の構成には、妥当な人選を要望する。たとえば都市計画審議会のメンバーに、議会人を加入させることは適当でない。

❖

追って創立総会は、十二月六日鎌倉市で漱石忌と同日に行うことをきめた。

十月八日にＮＨＫ「一〇二」に以上の件が、ニュースとして紹介され、「鎮守の森」を結ぼうという運動は、全国からいろいろの支持を受けた。要は法改正と実態調査による世論の結集が目標で、近く奈良は奈良で結集する計画である。なお三枝主幹も出席され、今後、本紙と「鎌倉市民」（月刊誌）両紙（誌）が相互に紙面交換して情報を伝える。

この運動は、今後地味に一歩一歩進めたいと思う。この催しに地元から末永、小清水両博士、岸下明日香村長、脇本前村長、東京から太田博太郎博士も参加され、鎌倉からも原実氏をはじめ、同志多数出席されたことを厚く御礼申し上げたい。

（第168号　45・11・10）

飛鳥メモ（4）

飛鳥保存問題も一つの整理点に達した。

❖

現行法の有機的運用で保存可能か。または特別立法措置を必要とするか。

❖

特別立法の内容は「国立歴史公園法（仮称）」と住民に対する特別なる措置を内容とする。

❖

地域について藤原京右京右半分と宮跡を含むかどうか。飛鳥川上流と檜前を含むかどうかに問題がある。

❖

住民の生活を景観保存の中にデザインするという方向は完全に除外された。

❖

飛鳥問題の基盤は「精神史的契機」「政治経済的要素」「文化政策的意味」「全国民的課題」「住民の協力できる立場への構築」をふまえて、当面の問題と基本的ビジョンが指向されている。ややもすると飛鳥保存の本質への凝視が忘れられ勝になり、末梢的になったり、フロイドの精神分析の対象になるような発言も多くなりつつあることは警戒しなければならない。

（第167号　45・10・10）

飛鳥保存と「風土」

「風土」という概念と解釈があいまいのままに、飛鳥の保存が着手されたことは残念な事である。またその保存作業の進行の過程にも「風土」への探求による修正がなされないままに、観光的なもの、趣味的なもの、学術資料的なものに偏して保存が進められ、単なる風土の財化と呼ぶべきものが末梢的政治性の上で進められていることは、保存というよりは混沌を招く放棄であり、破壊である。

すでに古くヘルデルに於いてさえ、風土とは単に自然科学的認識の対象でなく、内的なるものの現れる「しるし」、つまり「風土の精神」を意味した。従ってそれは歴史的自然の単なる人相学や、生理学や、病理学ではない。近頃の飛鳥保存はおかねでつらをはった人相学的保存であって、この土地に固有して唯一の生ける生活の姿の保存ではない。

風土はそこに住む人間を離れては存在しない。風土はそこに住む人間生活の客体化であり、自己発見である。さもしく、すさんだ人間が荒廃したまま残されて、山河だけがただ自然地理的景観を保ち得ても無意味である。開化した半田舎が残っても何の保存にもならない。道が便利になる。施設が出来る、遺跡が保存される。ただそれだけのことであれば、全国どこにでもある歴史観光地のワン・セットと変わりはない。現代に於ける「風土」の意味を確立しない保存は、如何なる美名をもつともそれは破壊につながるからである。

柳生の場合もこの風土の本質に立って、単に観光対策に終わってはならない。流行的観光地はそこに住む人々の心を荒廃せしめるからである。風土の「財化」を警戒しなければならない。

（第174号　46・5・10）

風景の保存

時間の風化に耐え得る原風景がどれだけ大和に残されていくであろうか。

風土保存とは単なる流行現象でも発作衝動でもない。ましてや、よそ者のための観光用風景の保存でもない。伝承的景観の創造である。そのためにある程度分解されて再構成するのはやむを得ない。それは当然風景工学の上から計算されるものである。

飛鳥の風景は、飛鳥問題以前より、果たしてよくなって来たであろうか。なるほど規制によって宅地化からは守ることが出来た。しかし「飛鳥」という地名がいたずらに記号化して記号連想（たとえば万葉集とか古代史とか）の連鎖反応でのみ辛うじて存在する山野となり果てたのではないか。また、そこには人間の欲望の反映だけが証明される遺跡となったのではないか。

なるほど水田は残されたが精神的カドミウムに汚染された田圃の眺めではないか。

風景とは本来はそのような破滅と欲望によって歪曲化され、断片的欠如として残されるのが宿命であるのかもしれない。社寺の周辺に植樹して森をつくり、回遊道路によって山野を都市公園化する手法だけで「わが心の中にある歴史」としてのイメージがここに再現されるであろうか。

現在、提示されているものは、たしかに低俗な「飛鳥利用計画」の進行ではあるが、私達が心に願った「飛鳥保存計画」でないことだけは明確である。

（第180号　46・11・10）

保存の哲学

どんな時にも切迫する現実感覚の中で、拒否するか、または屈服するか。二つに一つの対策だけしか見出し得ない、奥行を感じさせない図式化した保存しかあり得ないのであろうか。

眼前属目の事象に対してただ修理対応する貧しく、線の細い保存には、保存のメタフィジクも哲学もあり得ない。

保存と開発の均衡とか、対比だけで処理する「存在の智恵」だけではどうにもならない。

奈良県では他県では全く問題にならないことが古都行政の苦悩として、いつも残されるところに、一つの悲劇がある。「死物」として凍結してしかも「破壊への招待状」を内に抱く運命をもつ古都の保存は容易ではない。奈良県では、古文化財は単にアクセサリーでも観光的玩具でもない。県が提案しようとする精神文化を中核とする新総合計画を、改めて考え出そうとする新たなる企画と勇気に期待したい。それは県民が全人的に生きる「存在の証明」である。保存という自己完結、自己閉鎖としての限界でなく明るく広い地平に於ける人間の発見である。

きりとることによる保存でなく、生命的に把握する展開としての保存である。（全国歴史的保存連盟は十二月十一日、鎌倉市において「保存の哲学」を中心に公開討論会を催すことになった）

（第181号　46・12・10）

飛鳥について

古代文化遺産を核とする、ある特定の歴史的風土がどのような映像として残されて行くべきであろうか。それは今日でもなお消滅しない疑問である。歴史の栄光にてりかがやく女王的な存在の情熱は、必然的に学説による「征服」を唯一の趣味とする。そしてそこには古代文化遺産の剝製化された「標本」が蒐集陳列される。それは古代文化へのすぐれた鑑識眼によって根源的に選びぬかれたものでありながら、「美」は老衰化してゆく。精神を蝕むもの、嫌悪すべきものだけが、うんざりするほど残されてゆく。そして古代文化遺産の仮装行列が行進する。それが文化遺産をもつ、廃墟の宿命であろうか。

飛鳥。そのいのちたくましい文化遺産を風土と共に残すことが如何に困難ないとなみであるかを痛いほど知らせてくれた。人間の功利性につながる環境論や、自然保護運動とは一線をひくべき飛鳥の「保存の哲学」が今や必要である。「財」としての飛鳥は、よしや残されても「心」としての飛鳥が失われてしまえば一切は空しいからである。

問題を再提起しなければならない。「還元」に対して「創出」を求めたいからである。

（第201号　48・8・10）

第四章

哀愁の古都に立って

――古代景観の保存と住民の暮らし

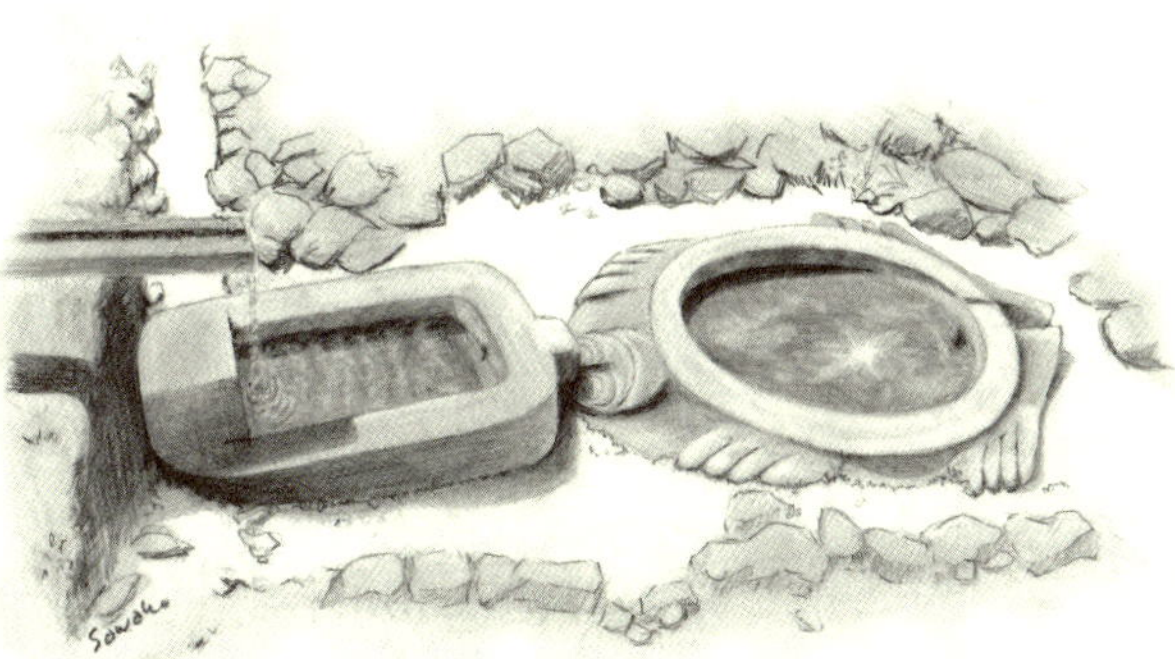

【解説】

寺尾さんは、いい意味での「飛鳥保存のプロパガンダ」だったこともあり、飛鳥保存運動の高まりのなかで、依頼を受けるままに新聞や雑誌にも多くの文章を書いた。いわゆる雑文である。しかし、どうしたことか、本人にはそれを整理して保存するという習慣がなかったようで、自宅にはあまり残っていなかった。この章では、無造作にスクラップブックに貼り付けていたものや、図書館で探し当てたもの六本と、朝日旅行参加者を相手にした最後の講演のテキストを収録した。

寺尾さんの雑文が、残されていない理由は、大変な「引っ越し魔」であったことに原因があるのかもしれない。一九七三年春に定年を迎えて神戸に転居してからは、そこに腰を落ち着けたが、それまでに三十回以上も転々としている。妻の栄さんの話だと、引っ越しのたびごとに図書や資料を処分したという。

明日香は死ぬか

日本の故郷飛鳥

春だというのに、花のたよりもおくれがちな、こころのしんまで凍らせるような底冷えのする日だった。わたしは石舞台のあたりを歩いていた。

気の遠くなるような日本のふるさと飛鳥。ここは、かつて五世紀から七世紀にかけて、帰化人の来住、蘇我氏の野心と権力扶植、天皇の宮殿造営、日本最古の寺院建立、万葉人の愛と死の絶唱嗚咽に、かなえの沸くようにたぎりたった舞台である。しかしいまはひとにぎりの灰と化してこれらの形見が、あの石、この礎石、そして平凡な山河、焼けただれた仏像として、古代の忘れ物のように、かすかに残されている。この明日香は人口七千にみたない小さな奈良県高市郡にある農村である。

しかし、歩けばカツカツとこのあたりの土は音がする。自然への畏怖《いふ》と呪咀《じゅそ》交霊と鎮魂がいまもなお生きつづけて、古代の亡霊を呼べば答えるようなあたりである。

不安訴える村人

顔見知りの村人に会った。その人はいきなり私に声をかけた。「飛鳥、飛鳥とみんなちかごろいわはるが、わてらはこれからどうなるんでっしゃろ」。土の底からひびきわたるようなさびた声だった。

不思議な欲望と、底なき絶望にあがき悩んだ聖徳太子、蘇我馬子、万葉の宮廷人の、ちとせの古い血をひいたと思われる古代日本がそのまま生き残った飛鳥人独自の素朴な顔のひたいのしわに、かくすことのできない不安と動揺と不信がにじみでていた。史跡、古都法とさまざまな私権制限をかぶせられ、あげくは、全村買上げのうわささえちらほらするきょうこのごろである。史跡はもちろん大事だが、土地に対する不安と愛着からにじみでる、自らのくらしのさきゆきへの心づかいである。飛鳥人《あすか》はかつて安宿の文字が物語るように、安らかさになじんできたが、いまはこの村の運命を見定めるべき時に直面している。

もともと放火、誅殺謀反に血ぬられた大化の改新を背景とする古代国家形成の激しいエネルギーにもえたかつての時代の遺骸というべき飛鳥は、すでに今日ではそのはじめの姿を失っているのかもしれない。明日香の最後にゆきつくところは、古代人最終の堅牢な「死人の家」石舞台に代表された墳墓であろうか。

ぎりぎりに直面

本当のことを言えば「死に至る病」をもちながら死ぬことができないということは、絶望に値する。その場合、せめて死ぬことだけがすくいであるからである。非情な開発の前にほろびゆく明日香を、臨終に近い病めるものにたとえてみよう。生と死のけじめをさまよう一人の絶望的な病人をめぐって、かけらになっても生残ってほしいという近親の願いからさまざまの治療法を試みつくしたが、薬石効なくついにやつれ果てて死ぬ。このようなみじめな凡夫の死に出あうより、ベートーベン、第三交響楽の主題である悲壮な「英雄の死」を選びとり、ほろびゆくものをこころ静かにほろびさせてやるという考え方もある。生死をめぐる人々の思いはさまざまである。日本の心のいのちを宿し、かつて歴史の栄光に生きた明日香は、いま、この「死に至る病」であるかどうかのぎりぎりの極限に直面している。現在の飛鳥人と日本民族が飛鳥の喪主と遺族となり、黒い喪章をつけるか、あるいはこれをこばむかという決断の分岐点に立たされている。

この不吉な予感をはらいのけるように、私は、明日香神奈備のひとつである、かつて神々が遊んだ甘樫丘に登っていた。

にくむべき開発

春がすみにたなびくここからのあの丘、この森の村のながめは、やはりちとせ過ぎたりという、幻の古都の感慨でいっぱいである。日本の歴史の白い幽気の息吹きがにおうようにせまってくる。おおぎみは神にしませば「山高み」と仰いだ十メートルに足りない雷の丘も芽をふき出した林の間にみえる。「河しさやけし」とたたえた飛鳥川も、糸のように流れている。もののけにとりつかれたように、暗い情熱をなげつけて、「狂心《たぶれ》の渠《みぞ》」とうらみの声のただ中に一大土木工事をなしとげた斉明老女帝をはじめ、帝王の都の跡もかいまみられる。「橘の寺の長屋にわがいねしうなゐはふりは髪あげつらむか」と童女放髪の激情をひめた万葉の心もえる風景を宿す橘寺も眼下に見える。平凡な珠玉、明日香。このようなところが日本のどこにあるだろうか。

しかし、ひとたび目を西と北へ向けると宅地開発の無残な爪跡が足下を洗うように、丘の下まで押し寄せている。私はただ愕然とした。古代景観への恥知らずの陵辱である。歴史への暗殺である。

「くたばれ、飛鳥よ」といわんばかりに目前の利益だけを追い求めて、古代景観を食って生き延びようとする、にくむべきやみくもの開発である。このようなロマンへの破壊に日本人としての心が一かけらでもあれば、にくしみと怒りが心の底から沸くはずである。今はただそれを信じたいと思う。明日香を死なせてはならない。それは飛鳥人のためにも日本国民の未来のためにも現代に課せられた至上命令であろう。

（毎日新聞　一九七〇年四月十七日）

ゆれる飛鳥の古代景観

こころまちにしていた今年の花だよりは、とかく遅れがちであったが、咲くと同時に葉ざくらとなって、またたく間に落花した。いのち短くはかないのはさくらの宿命であるが、今さらながら花を散らす無情な雨風に、何ということもなく、進歩とか調和だとかいう体裁のよい文明開化の中で、大阪地下鉄現場ガス爆発や日航機乗っ取りなどに象徴された事件に直面して、今さらにしのびよる虚無感とともに、心の痛手を見出さざるを得ない羽目になった。花咲く姿のさなかに見出す心の空洞であり、傷心である。

座して待つのか

しかし、落花には落花のいさぎよさがあって、静かなあきらめが一脈の心の安らぎとしてただよっている。それは時の流れの必然のための成熟であり崩壊である。ほろびゆくものの美しさであろうか。よぎりゆくものの無常がもたらす敗滅のさわやかさである。

石舞台をはじめ、川原寺、飛鳥寺、宮廷遺跡、飛鳥川、甘樫丘などの日本の心のふるさとである飛鳥の美しい自然に恵まれた古代景観もいま、村境に迫る大団地の攻勢と、村人から土地を手放させようとする宅地業者の誘惑のためにほろびつつある。というよりは、正確にはくたばりかけている。ほろびてはならないものが、無残にもおとろえてゆくきざしが見えはじめた。ただ、便利に安楽にこの世を楽しく暮らそうとする人々の欲望のためにおきる心なき夭折であり、挫折である。私たちは黙して日本人の心のよるべである飛鳥の喪失を他人事のように冷たく座して待っていていいであろうか。

土へ最後の良心

日本の心の手形とでもいうべき古代景観を宿す自然と、万葉の幻想、未確認の遺跡をもつ飛鳥を大切だと思いますかと、かりに国民の一人一人に問いかけたとすれば、電子計算機の計数を待つまでもなく、だれしも無条件で愛していると答えると推定される。それは花々しい経済成長と機械文明万能時代の中においても、なお残された日本の原初の心を物語る、土に対する民族の最後の良心でもあろうか。

欲望にも理あり

しかし、この問いに続いてかりにあなた自身が、立場をかえてこのような古文化財の遺跡と万葉のかおり高いロマンに満ちた自然に恵まれた土地のただ中に暮らしてその土地を所有し、ささやかながら農業を営んで平和な生活をしているならば、すすんでこの土地に厳しい史蹟や古都法の公用制限を受け、地価の値上がりも期待できず、売買も、現状変更も許されず、必要とあれば国に手放し、所有権の効用の漸減をあえて受けるかとたずねられた時に、素直に「はい、そうです」と滅私奉公のモラルだけで答えられるだろうか。かりにそう一方では思っても、他方自らの暮らしに対するさきゆきの不安と動揺は隠しようもないはずである。

さらにこれに加えて、民族の遺産は守りたいと思うが、他方、自然に恵まれた空気のきれいなできるだけ地価の安い、その上、都会から一時間以内の土地に自分の家を所有して、そこに住まいを持ちたいという欲望は当然かもしれない。その需要を受けて、機を逃さず答えようとする利益追求の開発企業がたくましく浸蝕してくることは、こと成り行きとして必然でもあろうか。

この自然への愛とマイホーム主義、良心と経済、理想と現実という二つのまったく矛盾した人間の本質に根ざした「土」と「土」との戦いでもある。

苦悩の明日香村

古代文化の原型を今にとどめる、限りない文化財の玉庫を抱く奈良県高市郡明日香村は人口七千人に満たない。面積二十四平方キロ、歳入二億三千三百万円の貧しい日本のどこにでもある平凡な農村である。いま、保存と開発というよりは「保存と暮らし」の十字街頭の岐路に立って途方にくれながら自らの運命を決断すべき時に直面して苦悶している。

日本の全国土の一、二パーセントだけが市街地で、残りの大部分は森林と農地であるという、このような広い国土の中でよりによって、古都飛鳥の景観をこわすような村境に迫るやみくもの宅地開発をしなければならないのだろうか。

どうしても建てねばならないという必然性のないところに、ただ、偶然地価が安く、適当な宅地であるからという理由だけで、住宅を建てなければならないのか。

しかし、明日香村の村境に迫る宅地開発産業を告発するだけで果たして明日香は守れるであろうか。ここに住む飛鳥人が本当に生きがいと誇りを見出して生き生きとその日その日を暮らす村人の生活がなければ、かりに飛鳥の古代景観が守られてもそれは生ける屍にすぎない。

平凡な静けさを

一方最近、「飛鳥を守れ」という声が潮のように全国民から起こり、「飛鳥古京を守る会」には、現文化庁長官、運輸大臣、黛敏郎など政界や文化人をはじめ名もない人に至るまで千人に近い人が期せずして集まった。宮様をはじめ、文部大臣、総理大臣に至るまでこの土地をたずねて、飛鳥を守れという声は全国の中に起こり、一つの飛鳥ブームさえ旋風のように巻き起こそうとしている。しかし、私はひそかに、このような飛鳥への注目が集まる日にこそ、飛鳥が最大の危機に直面している時だと思う。かぼそく静かに飛鳥の平凡な田園景観を残すためには、できるだけそっとしておくことが今こそ必要である。

野心の介入警戒

開発エゴイズム、住民エゴイズムも自戒しなければならないが、保存エゴイズムに隠れた不純な政治の野心が介入して、醜態をさらしてのたれ死にさせてはならない。飛鳥は、飛鳥らしく、日本の片すみに心静かに純粋に保存されるか、あるいはむしろ、ひと思いにこの世から姿を美しく消し去ってしまうか、いま、飛鳥はこのいずれかの決断を迫られるべき時期に直面しているのではなかろうか。

（中日新聞　一九七〇年五月七日）

ほろびゆく大和の川

神司どり、人訴える

青垣山にかこまれて、一つの構成と秩序による地霊感覚をもつ、まほろば大和の国中を流れているいくすじかの川は、かつて古代の神々の住まう幽玄な霊地であったが、今日ではそのせせらぎの音に古代人を偲ぶ万葉・記紀などの活字の中に悲哀として、号泣として、情愛として、浮かび上がる幻であり、イメージとして残され、川そのものは命を失って仮象となってしまった。

葛城川、曾我川、飛鳥川、初瀬川、富雄川、大和川、佐保川、秋篠川など大和を流れる川はすべて一定の秩序と方向を保ちながら、水神であり雨乞い、風鎮めの、広瀬・竜田の両神社にはさまれて大和川に合流している。

古代の豪族たちはこれらの川が丘陵から平野に変わる山麓に集落を形成して、川を水源地として定着していた。かつての古代豪族の住まいらしい跡に開発が近頃、急速に進められ住宅団地が建てられ、同じ人間が住みながら周辺の自然を破壊しているのは、一つの宿命的な皮肉でもあろうか。

これらの川の源流は吉野、宇陀、都祁、葛城の分水嶺に祀られる水分神社によって、水は大和の山麓に送られ、そこには山口神（山口神社）に、更に平野には御県神を配置して水田への水の配分を秩序正しく司どった。この神の司どる川を古代人は心の枠として格子としながら、人間のひめやかな願いと祈りを訴えつづけて来た。

三輪山は神奈備山であったが南には初瀬川、北には「巻向《まきむく》の山辺どよみてゆく水の水泡のごとし世の人我は」と人麿が感慨をこめた、巻向川という二つの神奈備川にはさまれたこの地帯を水垣といい、神聖な霊地と聖別して墓葬は対岸で行われた。このけじめとしておそれられたかつての川も、今では工業開発などのために汚れてしまって下水道化し、もはや自然とは呼び得なくなった。これらのほろびゆく大和の川々をここに訪ねてみよう。

無常の象徴飛鳥川

飛鳥川は今日も万葉の里に古代のままに生きている。昼夜をわかたず流れている。遙かに遠い古代から。日に夜をついで。

しかし、こんなに小さなひとまたぎにすぎない、なんでもない小川が、飛鳥を訪れる人にこころの底までしみいるのは何故であろうか。

かつて奈良朝の歌人山部赤人は

「飛鳥の古き都は　山高み川とほしろし」（巻三　三二四）

と、多分雷丘（神丘）からの遠望された細く折れ曲がる飛鳥川のことを「川とほしろし」と煙のような流れとして心の目に縹渺《ひょうびょう》ととらえている。それは心の中を流れる川であった。川は虚の実在であった。

「明日香川ゆきみる丘の秋萩は今日零る雨に散りかすぎなむ」（巻八　一五五七）

丹比真人国人が奈良から久しぶりに故郷に帰って、推古天皇の豊浦《とゆら》宮址に出来た豊浦寺の尼房での宴会の歌である。つきることなき川の流れを眺めながら、この川辺にいたずらに盛りをすぎて散りゆく萩の花に託して、人間のもつ無常のさまざまな感懐をのべた。

しかし、今の飛鳥川には、もうその心に無情を訴える萩も見られない。よごれた流れはこころない観光客に捨てられた空カンやビニール袋のためである。近頃、この川を文化庁は史蹟に国は古都法の指定区域に指定した。川の流れが史蹟や歴史的風土に指定されたのは飛鳥川がはじめてである。川上にダムを作って水流をきれいにすると共に、野面石で護岸工事を施して三キロあまりを整備するという。東の岸には遊歩道もつく。清流飛鳥川がかりによみがえっても、それは果たして古代のこの川がそのまま私たちに語る姿であろうか。

『万葉集』に柿本人麿は「明日香川しがらみ渡し塞《せ》かませば流るる水も長閑《のどか》にかあらまし」（巻二　一九六）と。「しがらみ渡し」とは水中に柵を設けて、流れ来る水を支えて深くして、塵芥などを堰きとめる意味であるから、昔も今も川の流れは同じ悩みであったのかもしれない。

しかし濁った明日香川でさえ、「あすか川下《した》濁れるを知らずして背なと二人さ寝て悔しも」（巻一四　三五四四）と、たとえ川は濁っても人の心は汚れていなかった。

山深い稲淵川に発し、明日香村を流れ、磯城の大和川に注ぐ。三二キロ。ある時は神奈備丘である甘樫丘を神域として聖別する帯となり、ある時は板蓋宮の位置をきめて、昼夜をわかたずに流れてきた。そしてこの川のいのちを『万葉集』の中に残しながら飛鳥をしのぶ数ある歌の歌枕となっている。

「飛ぶ鳥の明日香の河の上つ瀬に」（巻二　一九四）と清流飛鳥川に想いよせた古代人にとって、もはやそれは単なる川ではない。川はまさしくこころのよるべであり、むしろ柔膚への恋でさえあった。

そしてやがて消え去る熱情への無常でもあった。

「明日香川瀬々《せぜ》の玉藻《も》のうち靡き情は妹《いも》に寄《よ》りにけるかも」（巻一三　三二六七）

「明日香川川淀さらず立つ霧《きり》の思い過ぐべき恋にあらなくに」（巻三　三二五）

と、限りない無常への嘆きをこの川の流れにみた。

天平三年、大伴旅人は「しましくも行きてみてしか神名火の淵は浅にて瀬にかなるらむ」（巻六　九六九）と、昨日の淵は今日の瀬となり「年月もいまだ経なく明日香川瀬々《せぜ》ゆ渡し石橋もなし」（巻七　一一二六）と、飛石さえ消してしまう人の世の無常を、この川に諦観した。
観光公害に汚れた今日の飛鳥川には、人間のエゴイズムを感じても、無常を想うことはもはや許されない。飛鳥川に保存の手がうたれて古代のせせらぎの音をきくことが出来るのは何時の日であろうか。

「絶えざるもの」として富の小川、竜田川

地図をたよりに富の小川と呼ばれるあたりを私は歩き疲れていた。生駒山中に源を発して上流は生駒川、中流は富雄川（富の小川）下流は「ちはやぶる神代もきかずたつた川からくれなゐに水くぐるとは」の百人一首の名歌竜田川となって、斑鳩《いかるが》の里あたりで大和川に合流する十キロあまりの川である。

かつて富の小川の流れは、物の絶えざることの象徴として古代人に親しまれた。今では水はにごりところどころ瓦礫《がれき》の山がある。工場、ごみ捨て場までできて、古老の話では、かつては蛍が飛び、川舟が上り下りして、川底まで透明だったという、昔の川の面影は今や求めることもできない。かつては斑鳩の人びとに清涼な飲料水を提供する大切な水源であった。聖徳太子の妃 膳 大郎女《かしわでのおおいらつめ》が病篤く死に臨んで乞うたにもかかわらず、病の悪化を恐れて、ついにあたえられなかった水も、この川の流れのことであったのではないか。聖徳太子が四十九年の生涯を閉じ、永い眠りについた葦垣宮《あしがきのみや》もこの川のほとりである。

しかし富雄川の水流も古代と変わり果てていることだけは確かである。「斑鳩の富の小川の絶えばこそ我が大王の御名忘らえめ」。これは太子永眠のとき、巨勢三枝大夫《こせのみつえのますぎみ》という伝不詳の草むらのなか

に生きていた無名の人が、太子の死を悲しんだ挽歌である。昼夜をわかたず行く川の流れのなかに、太子への限りない告別の哀歌を素直に訴えた淡々たるこころが語られている。

美しい川のなかに、太子の死への心の痛みを告白している。その時代には川の流れは人々の心に「絶えぬもの」として生きていた。飛鳥川が淵瀬つねならぬ世の無常の象徴であったのにくらべて対照的である。永遠を願う富の小川はやがて竜田川となり大和川に注いでいる。

しかし今日の竜田川のもみじは公害のためめっきり色あせ老木は枯れはじめた。大和川は濁流となって昔日の面影をとどめえない。しかしかつて聖徳太子はこの川の流れをみつめながら、死して悔いなき窮極のものがあろうかと、生きるということの拠りどころを求めた。かつて人生というものを考えさせたこの川こそ日本文化の源流として大切にしたいものである。

「清流もいまは」の佐保川

春日山中に源を発し、名勝鶯の滝をつくり佐保丘陵の台地下を流れる現在の佐保川には、かつて古歌によまれた手折られた青柳も、清き流れも、夕霧に鳴く千鳥も、哀愁を分け合った橋も、思い出のかきつばたも消えて、今はその側のコンクリート道路に織るがごとく行き通うものは百磯城《ももしき》の大宮人ならぬ自動車の群列である。もうそこには坂上郎女も大伴家持もいない。薄い衣に「いたくな吹きそ」とわが背子を見送った佐保風に代わって、たちこめるものは視界をさえぎるもうもうたる埃である。

その昔アユの姿もみられた万葉集ゆかりの清流もゴミやシ尿の不法投棄や家庭排水で汚染はおどろ

くばかりである。この佐保川を昔の清流にかえそうとこの川の近くに住む奈良市法蓮桜町の平岡栄造さん（六十三歳）は住民に呼びかけて、堤防の草刈りや川ざらいをしたり堤防や川床に捨てられたゴミを見つけて市の清掃課に連絡したり、スイカの皮を捨てている主婦を見つけて捨てないように約束させたり、堤防のほとりに花壇をつくって公徳心を訴えたりしたが、ゴミは次第に大型化して川の汚れは容易に回復しなかった。しかし平岡さんはあきらめないで、たとえ川の流れのつきるまで待っても、清流になる明日の日を信じて人々に呼びつづけている。

繁栄だけを望む商業主義と無自覚の観光客のため、小刀で最後を一突きつくと埃のなかに消えてしまうほろびゆく大和のはかない川にこのような草むらにかくれた無名の人の抵抗の一つ一つが積み重ねられ、再び神司どり、人訴える古代の川への回帰を心から願わずには居られない。大和の川が澄んで再び古代の面影を宿す日こそ日本のこころが晴れ渡る日でもあろうか。

（『自然と文化』第七号、一九七一年十月一日発行、観光資源保護財団刊）

現代日本人の美意識

作られた美感に酔う
自ら自由に作る精神を　保存を名目に破壊

古き良き日本の美の原型と、歴史と考古学の資源としてのたたずまいを今に残す飛鳥を、私は改めてながめた。しかし、地上に展開された景観をクシ刺しする新しい施設は、保存に名をかりたすごい古代美の破壊である。無神経な公園、建造物、宅地開発、道路拡張、駅前広場、ガードレール…。歴史の仮装行列の一員になりさがったのであろうか。

ここには基本計画も保存の哲学もない。最近、安土城の南蛮趣味を加味した奇抜、壮麗な創建当時の復元図が「乱世の武将信長の建築美学」として明らかにされた。それに比べ古代飛鳥の原初の姿はとらえようもないが、何を基準に保存し復元するのか。「保存の美学」の欠落は、官庁用語のむなしい羅列《られつ》となり、法だけあって軸である美感の喪失が心にしみる。

残り火だけが明滅

日本人は今も昔も美の愛好者だと自他共に任じている。人間らしく、自分の思ったままに生きる、心の旋律が浮動生滅する繊細な感覚の持ち主である。美の破壊を何よりも恐れ、美の愛をうけることをひたすら願う。弱肉強食の乱世と荒廃のただなかに、美は本来は無用無力のものでありながら、いつとはなしに押し広められて歴史の方向をひっそりときめ、天地をも溶かすたけだけしい力となる。もろく弱い美は、社会秩序と伝説の酵母にもなるが、逆に体制的社会と膠着《こうちゃく》俗化したモラルを徹底的に崩壊せしめる起爆剤でもある。

しかし現代日本人は、安逸になじみ、目先だけの利益を追い、人の心の奥に泥足で平然とふみこむ不作法さである。とりかえしのつかない自然と景観の無残な汚損など、美に対する心のあり方はこれでよいであろうか。日本人の誇り高い美感は、まっ殺され、今日では美の残り火だけが、ちぎれちぎれの優雅と土俗の化石として、現代文明の片すみに幽鬼のように隠棲《いんせい》し、明滅しているに過ぎない。

古代景観や古い集落の面影を今に残す飛鳥や妻籠から、電柱電線を取り去り、赤い屋根青い屋根を薄墨色のしぶいかわらに代え、レンゲ畑や民芸風の格子を張りつけて、モダニズムを追放して田園ユートピアを凍結しても、果たして原点に復帰したと安心してよいであろうか。玉石混淆した法令による集落はかえってわざわいを後日に残すことになる。その集落がかつて経緯したある時代の中途半端なたたずまいを、住民の本来の生活を無視して模型的に剝製《はくせい》化し、観光用サービスとして修景しても、それは安っぽいサロン的感傷の旅のえじきになるだけである。

仏像や古建築も時間の風化によって剝落した灰白色のわびとさびを美とみられているが、これらが創造された原初の姿は原色の強烈な目もくらむような燃える色彩であった。ばく然と古ぼけた現状を守るか、創建の原点に復元するか「保存の基準」をどこに求めるかは現代に生きている人間の美感が自ら自由にきめるべきものである。

ドゴールは、かつて古いパリの建物を水洗いするよう命じて、何世紀かの時がつけた思い出多いわびを容赦なく洗い落とし、町全体を真っ白にして新欧州出発のシンボルとした。一切が灰燼《かいじん》に帰した日本の戦後の荒廃のなかから、必ず鮮烈な美意識が生まれることをどれだけ待望したことであろうか。しかしそこには、枯れ野に芽ばえる生理的な「焼け跡の美学」はあったが不毛であった。あだ花のような混合文明がくすぶっただけである。美感の欠如した革新などはサル芝居であった。挫折感のただなかにありながら、私は下克上の混迷の渦から「乱世の美学」の誕生を期待している。かつて美しかったものが突然むなしい塵埃《じんあい》と消え、今日まで全く顧みられなかった怪奇な美が登場してもよい。

いまこそ転換の時

美意識は如何なる価値体系の変革にも固定化することなく間断に動くからである。いつまでも古代の給仕人として甘んずることなく、日本の古都も千年のアカをつけた殻を破って新しい美のひな鳥をかえす転換の時である。

かつて地獄の目をもって風景を見たように、風景とはとかく人間のきたない欲望をうつしたものでありがちで、いずれにしても欠如歪曲《わいきょく》として、天然の喪章として現れる宿命を負うものである。しかしかつての日本人は美をさえぎるもの、背馳《はいち》するものを消去して無にする不思議なひとみをもっていた。あるものをないものとして見ることができた。『洛外洛中図屏風』では作者自らの目で見たいと思った以外のものは、雲をたなびかして消し去り、北斎はなまの実景を分解して、自分の心の中に投影した風景だけを自由に選び抜いて再構成した。徹底した自ら自由につくる精神、それが美意識である。

美は人生のあかし

何を求めてか、近ごろ萩、津和野、倉敷、飛鳥、妻籠、高山などを訪ねる若い女性がふえた。片雲の風に誘われて道祖神のまねきにあって、ただ古風な未知の国への渇きは機械文明への反逆、孤独と虚無にうめく心のあがき、倦怠《けんたい》へのひまつぶし……モチーフは多様である。この尊敬すべき旅人たちの中で、自らの感覚と心の目でその心景をとらえる芽がどれくらい萌《も》え出ているのだろうか。週刊誌や雑誌、案内書の魅惑的な写真と見出しなどの「編集者の美」になぎ倒されて、日本列島にはいて捨てるほどある土俗的名所旧跡を果てしなく最敬礼して巡礼しつづける。老いて疲れた黄昏《たそがれ》族は散る桜、秋の夕暮れ、秀峰富士、心のふるさと大和と、小学唱歌や教科書の思い出につながる「官製の美」「臣民の美」になびき伏している。いずれも美の教祖、大旦那《だんな》のサド的エゴイズムの香がする権力体制に飼育され、自ら選びつくる美感を喪失している。美のいのちは人間が鮮烈に生きる自由のあかしであり、はてしない多様さにゆさぶられる不一致である。

古い仏像といえばたちまちシャッポをぬぐ、京都、奈良が美しいときけば理由もなくこびねばならぬと思う律気な義務感。そこには差し押さえられた美感があるだけ。自然や文化財、景観の荒廃を嘆き訴えるのもよい。しかし日本人自身の美意識の衰退と、美が文明の枢軸から脱落していることをおそれねばならない。国破れて山河ありといわれたが、山河ほろびても人間に自由に自らきめる美感が整然と残されているならば、生きる勇気がわが人生に光明をもたらすからである。美のために人生がある。ここを原点として「乱世の美学」は歩みはじめる。

（朝日新聞　一九七五年一月二十二日）

背きあう飛鳥の顔

かすみゆく日本の風景の心

男女抱き合って杯をあげている道祖神。三月開館した国立飛鳥資料館では、この館の西南六百メートルの石神から発掘された七世紀ごろの噴水石人像に人々は目を奪われていた。つぶさに視線を這わしてみると杯は欠け、笑いかけているのか物思いに沈んでいるのか、心の底のつかめない薄気味悪い顔のようでもあり、のっぺらぼうにとぼけてユーモラスのようでもある。顔は表裏に、背は前後に背けあって空洞のような冷たい隔絶が潜む。古代の深淵から噴出する孤独である。

この背離は橘寺の二面石、吉備姫墓の猿石にも鮮明に浮き彫りされた飛鳥の顔である。思えば石舞台、高松塚古墳石槨、宮跡寺跡の礎石・石敷など飛鳥は石の神聖空間である。腐蝕なきこれらの石にはかつての飛鳥人の怒り、憎しみ、恐怖、悲しみ、愛に焼きつくされ灼熱のエネルギーが渦巻き、今はもえつきて冷たく硬く情熱の廃墟となっている。人間に応答しない死んだ自然としての呪物的石に、「風」と「光」が訪《おとな》うのが、飛鳥の風景のエッセンスである。だが、泥にまみれていた石人像は、空調設備の完備した展示室のスターとして保存されている。風景を欠如して。

瀟洒な資料館には、須弥山石、岡寺胎内仏、高松塚副葬品、飛鳥寺塔埋納物などの飛鳥の精髄を凝結した。この館の落成は飛鳥地方施設整備計画の塵芥処理場、国営公園、研修宿泊所、高松塚・板蓋宮・川原寺の整備保存、道路拡幅など閣議決定を含む一連の国営保存事業のエポックを画する象徴である。近く国会提出予想の村民生活保障特別立法が成立すれば、飛鳥保存問題はめでたく祝杯をあげて大詰めになるであろうか。何故か道祖神の杯の下が欠けている。

「わくらばに問ふ人あらば須磨の浦に藻塩たれつつわぶと答へよ」（在原行平）
「思ふことなくてや見まし与謝の海の天の橋立都なりせば」（赤染衛門）
「われこそは新島守よ隠岐の海の荒き波風こころして吹け」（後鳥羽院）

大原・嵯峨野・宇治・吉野・陸奥と数えあげれば、心にしみる日本の風景は、権力の座から追われた落魄無用の敗残者、恋を失って深傷を負う苦渋の魂、そうしたすねものが人生の寂寥の果てに見いだしたふきだまりであり、隠棲の地である。

政権の中枢から干され、アウトサイダーにわび住まいした志貴皇子は、「采女の袖吹きかへす明日香風」「さわらびの萌え出づる春」など日本の風景の神髄をとらえた。日本人がどこかにいきたいという気持ちは、ありふれた風景のなかにうたかたの如く消えゆく、哀愁に誘われて身にしみわたる心の琴線にふれる自然のけはいを、膚で感じようとする非日常さにある。

風景の心は単に見るのではなく飽くことなく思うこと、しのぶことであり、激しい精神の燃焼である。その人と民族の心の形である。風景にはなまなましい歴史への追体験を抱え込む。このような心と歴史を失った単なる植生的みどりなどは、豚を健康に飼育する楽園ではあるが人間の風景ではない。山陽新幹線はスピードというさがない魅力に憑かれて、もぐらのように暗い空洞で都市を串刺したが、旅から風景を喪失させた。ついで萩・津和野などの風景の心まで猥雑さの中に踏みにじってしまった。ところで飛鳥が国営事業施設で開発の防波堤として整備され保存されたことは、新幹線同様に意味もあれば役割も大きい。

問題は飛鳥に日本の風景の心が残されているのか、ということである。飛鳥はこれでよいのかということである。飛鳥を何故保存するのかという原点は何であったか。民族の心のよるべとしての郷愁、人間性回復の祝祭と叙情のロマンの場、枯渇した創造力への憧憬、呪縛されたイマジネーションの自由、歴史の真実を実証する地下遺構の検出と保存、幻に灯を入れることによって、日本人が何かを考え、何かを感じる心の問題であった。

しかし、この高邁な理想は現実の前にもろくも背きはじめた。建設省、文化庁、財団による国営施設事業によって川原寺・板蓋宮跡では水田も小石も消えて、芝生と石畳の小公園となり、村人のあどけないイメージを託したフグリ山の美しい段丘には宿泊所が建ち、道路にはガードレールが取り付けられ、通過交通の車塵を巻き上げはじめた。粛然となり、モデル化してきた。物の怪が魔のように乗り移る原始の呼び声は絶え、すべてが観光案内の説明板的存在になりさがってきた。何もない。一切を消却する。そこに心にしみる極微の本来の飛鳥の風景がある。国営事業はこの理想を善意のもとに生かそうとして、類型に堕した構想のため事実は殺した。

権力者や観光資本家は自らの支配力に幻惑され、事業の鬼となり風景の心を見失いがちである。権力の権化市庁舎建設のカネのため、万葉ゆかりの春日山風致地区の森林を、ためらいもなく剝ぎ取ろうとする古都奈良。鬼怒川渓谷の両岸には河面まで旅館がたちならび、みじめなどぶ川となり、旅館から貸してくれる双眼鏡で対岸の旅館をのぞくという、風景を売り飛ばす愚行は至るところにある。ビル街となった日本の観光地。おそるべき風景の刺客が潜んでいる。

しかし、風景は人間の動きをふくめて生きている。永遠に変ぼうしつづける。短い時間の単位であれこれと計ることは危ない。ただ風景の中に生きる村民の生活の犠牲において、飛鳥を守ることはゆるさない。この理想を掲げる特別立法は現実には村内の格差を深め、生きるよろこびを奪い、無理やりに保存のための村民をデザイン化して、色紙の中に要領よくはめこまれたこぎれいな山野の風景を残すことにならないか。

飛鳥はかつて歴史のかげりの中の悲劇の地である。飛鳥人はふるさとの風景を守るためには、あえて自ら「負の存在」として自覚し哀愁の思いを抱くときに、単に見せるための漂白化された国営の与えられた風景ではなく、村民自身の生きるための風景として返還される。そこには経済的利益を追求する自然欲望主義からの離脱、暴走する現代文明の抑制による人間の幸福を村民自ら選び取らねばならない。

近ごろ村の中に保存に対して風さかまく何となく白けた虚ろのものが流れはじめたとするならば、飛鳥の繊細な風景は焦点を解体して遠くかすんでゆくばかりである。この飛鳥の風景が日本の心の風景の宿命であるとすれば、抱き合いながら顔を背けるものは飛鳥資料館の石人像だけではない。

（読売新聞　一九七五年四月四日）

そのロマンの旗をおろすとき——明日香保存答申を終わって

そこには確かに人が住んでいる。しかしその人の気配までがかき消されてしまう。戸数二十八戸、人口一一二人。廃村寸前。やわらかくしめった蒼い草に包まれ、雲流れる。野鳥の囀りと風に戦《そよ》ぐ葉ずれとせせらぎのむせびなきを除いては太古の静謐が明日香の原初風景として私の心にしみわたる。かりにおせっかいの人間が保存の名をかりて逆らったりしても打ち勝つことの出来ない、歴史の素顔の恐怖におののく自然の偉大さ冷厳さが、私の皮膚の穴を通してひしひしと感じる。朱にそまった二上山の落日。時間さえ見失う忘却の国。そこには古代が躍っている。しかもその美しさに逆行して、この風景のあるじであった人間の心に渦巻くどろどろしたある暗い陰影がはっきり見えてくる。私の心に描く歴史的風土とはセンチメンタルの牧歌的叙情の風景ではなく、このように血のにおいのする呪術的空間の息づきを心に訴えてくるところである。ここは明日香村入谷である。

百億の巨費を投入して明日香はこのような原点を失いつづけて、歴史の仮装行列の一員として残されようとしている。転宗者に踏まれて昭和保存のいたましい、すり減らされた踏み絵に落ちぶれた石舞台の、わきの狭い道を飛鳥川に添って遡ること四キロ。栢森加夜奈留美神社を過ぎ、更につづら折れを二キロ登りつめた標高四四六メートルの地点。古都法の区域から疎外されていた。

七月五日、歴史的風土審議会に答申された審議の経過のなかで、私はトータルイメージとして明日香全域を古都法の対象として保存するよう強く訴えた。しかし、皇極紀（六四四）に「蘇我大臣蝦夷が長直《ながのあたい》をして大丹穂山《おおにほ》に桙削寺《ほこぬき》を造らしめた」とあるが、これが入谷であることには異説もあって、古都として定め難いという異論もあった。ロマンの旗は史的権威の前では色あせるばかりである。そうしたいきさつを経て、飛鳥川の源流地帯ということで入谷をふくめて、答申が全域指定に踏み切ったのは英断であった。

その全域の規制については届け出制から許可制へ、その態様に応じて土地の買い入れ制度を設けるなど鮮やかに成文化された。これに対応するきめ細かいはずの住民生活の安定と向上の措置については「住民の理解と協力」という表現を答申中に四回ほど繰り返しているが、内容は他の古都に対して波及をおそれる深謀熟慮のためか、当初の特別措置法は特別の立法に、明日香地方整備基金は財源と変えられ、明日香の将来を展望する計画と共にすべて今後の問題として残され、問題提起のりりしさに比して、答えは気迫を欠き抽象的であった。

明日香の危機について最初ののろしを上げたのは文化人と学者。答申決定の前夜、最後の声を上げたのは鷗外の「最後の一句」のいちのように「お上の事に間違いはございますまい」と信じきっていた村の専業農家たち。答申には「農」の字が一字もないと素朴だが胸を刺すような疑問と不安を抱きながらだまし打ちされたと叫び出した。

私も委員の一人として答申の大筋には同意した。しかし、村民の生活を基調とした保存の重心の落とし方にきわめて微妙なくいちがいが残された。歴史的風土保存と住民生活のいずれに重点をおくかという点である。表面的にはささやかなずれが隔絶と亀裂を招き当然孤立した。答申に巧妙に表現された村民の生活安定に対する文字の背後にある姿勢への反発である。そして「明日香村とは何か」ということが問い直されて来た。

明日香村はかつて帝王の孤独、庶民の嗚咽にいろどられた怪奇《あやし》くて激流のようなエネルギーが燃焼した歴史の舞台であった。やがて捨てられた都となり、かつての日の権力と欲望の痕跡と遺骸となり、天然の美しい荒涼がしのびよったところ。保存に名をかりたトーチカでかためた高松塚、プラスチックの礎石に飾られた川原寺、荒廃した板蓋宮跡の周辺、金網を張って辛うじて生き残った亀石など、本来の飛鳥の景観を無神経に腐食する背後の思想に向かって、私は激しく抵抗して来た。

しかし、答申を終わって金で解決出来ないさまざまな困難が目に浮かび上がって来た。村民自身が心から納得出来る保存の理由、日本人の美的感覚など。

ところで、ためになるとばかりひとりよがりに思案することは一種の奉公耄碌か。明日香は私にとっても風土美の最後の砦ではあるが、精妙なからくりをもつ政治的現実が予算獲得へと策定しはじめた今日、私のロマンの旗を降ろすときであろうか。

（毎日新聞　一九七九年八月十六日）

飛鳥の素顔　静寂と哀愁の捨てられた都

近頃の飛鳥は、日本の「歴史的風土」、の指定特等席におさまりかえって、まことに得意満面である。「日本の心のふるさと」――そうしたきまり文句にもいささかにくにくしい思いがして「飛鳥だけが日本文化のふるさとでない」と抵抗したくなるのは私だけであろうか。

そうして尚飛鳥に魅力があるとすれば、それは何であろうか。

捨てられた都

そしてそこには、それなりの荒廃がしのびよっていた。飛鳥もそうした宿命からのがれられなかった。問題はその荒れ方がみみっちいものであってはならない。本当に荒れていることには、つきない魅力がひそやかにいきづいているからだ。近頃その大切な荒れが保存の名のもとに化粧され、石舞台のまわりに芝生がはられ、花園が出来て、歴史の仮装行列の一員としての装いをはじめた。

大化改新を劇的になしとげたその時代の英雄中大兄皇子、やがて皇位について天智天皇となるが六六七年突然飛鳥を捨て、近江に都を移した。その遷都の理由は百済派兵の敗戦による防衛のためとも、またその時代の漠然とした民衆の反感をさけるためであるとかいわれているが、歴史のベールは厚く、真意は求めるすべもない。

これよりさきに孝徳天皇のとき難波に都を移したこともあった（六四五年）。そして持統天皇のときあらますのみやこ藤原京に遷されて、飛鳥は都として終焉の日を迎えた（六九四年）。それからながい静寂の月日が流れた。都は藤原京から平城京、さらに平安京と一路北進して行った。

しかし不思議に捨てられるごとに、そして遠ざかるごとに、飛鳥への妄執は深められて行った。万葉集の「わが背子が　ふるえのさとの明日香には　ちどりなくなり　つままちかねて」との思郷の歌や「飛鳥の明日香の里を置きて去なば　君があたりは見えずかもあらむ」の追懐の思いをまつまでもなく、捨て去ったものにこそふりかえらずに居られない人の心のきずなを物語っている。捨てられた理由の詮索などはどうでもよいことである。捨てることによって捨てたものの尊さがひとしおである。自然破壊の極点に至って、やっと現代人は忘れ果てていた飛鳥を思い出したのである。

しかし幾度か捨てられた都飛鳥には、今日形らしいものは、風雪にさらされて跡かたもなく消え失せている。その消え方も一挙に灰燼に帰したのではなく、いつとはなしに風化してしまったのである。それはもはや古代の形見に過ぎない。傷つけられた大仏、地下にねむるちぎれちぎれの礎石の破片、用途も意味も奪われた怪奇な石像物がある平凡な一農村である。

愛と真実を問いつめたトルストイのただひとつの悩みは、自らの教説を裏切るソフィヤ夫人との不和であった。それであるのにその妻を終生捨て得なかった。遂に遺言と別れの手紙とを残して、家出してわびしい駅舎でその偉大な生涯に自ら決着をつけて終わったことを、私は飛鳥の入鹿首塚あたりの荒野を歩きながらふと思い出したのは何故であろうか。

憎しみの思いに苦しみながら尚捨て得なかったところにトルストイのはらわたをかきむしる悲劇があった。しかし捨てられた都飛鳥には無気味な静寂と哀愁がしみわたっている。その飛鳥にはやはり肉親相剋、血族の背反がうずまいていた。

天智から天武に至る時代の中に壬申の悲劇があり、自ら身をひいて吉野に退き、再び挙兵して瀬田に迫った大海人皇子（後の天武天皇）と一度は皇位につくべき立場にありながら自害して果てた大友皇子との血をもって血を洗う泥沼のような肉親の確執がつづいた。

捨てられた都飛鳥は、人間の愛と憎しみがさめ果てた廃虚である。そこには人間の怨恨、嫉妬、謀略がうずまいている。

そのためか飛鳥では単に古寺巡礼や古代文化遺産の魅力にひかれて教養の名によって眺めるところではなさそうである。封土をはぎとられた石舞台、痛ましい破損と修理を受けて残骸となりつつある飛鳥大仏、ちぎれちぎれの酒舟石、古代人の心の嘔吐とでもいうべき亀石、その何れを見ても完結した美の形は何一つ見当たらない。すべては破片である。

それでは飛鳥の景観と風土はどうであろうか。丘があり林があり、集落があり、水田がある、飛鳥川といっても何の変哲もない田舎の小川に過ぎない。では飛鳥の自然の魅力はどこに求めるべきであろうか。かつてここに生き、叫び、うごめいた権力と信仰の間を彷徨した聖徳太子、一族の繁栄にだけ狂躁した蘇我馬子、謀略に常に立って、冷静に身をとぎすました藤原鎌足、灼熱の思いにもえてひたすら改変を招待しようとした中大兄皇子、「狂心の渠」や「両槻宮」と名づけた楼閣に異常な幻覚をもやしつづけた斉明女帝、怪奇な石像文化を謎のように残した帰化人、そして愛と憎しみに身をやきつくした情熱多感な采女たち、これらの歴史の上に生滅した何かに憑かれた人間群像を除いては何の魅力もあり得ない。

飛鳥にかつて生きたこれらの人々は、それぞれがシャマニズムのシャマン（巫者）の源流である。異常な人格によって呪術、秘儀、神秘がつくり出したエクスタシー、興奮による悪霊としてうずまいていた。これが飛鳥の風土の本来の素顔である。これらの悪霊は、必ず怨霊となり、その化身が飛鳥の柔らかな山野となった。しかし悪霊を身辺からきり離すためには、呪文が必要である。それは呪咀として万葉集となり、石像となり、仏像となり、宮殿となった。それらは呪咀の黙示録である。また怨みが神となるとすれば飛鳥は「祝祭の広場」になる。

日本の歴史ではシャマニズムは時代と共に呪的カリスマが次第に能力は後退して陥没して、その本来の機能を失い模擬的の「いたこ」や「いちこ」または「神社みこ」のみすぼらしい口寄せ巫女に堕してしまった。仏教伝来以前に日本文化の原型であるシャマニズムがこの飛鳥に根をおろしたのである。このようにして飛鳥を眺めるとセンチメンタルな牧歌的風景ではなく、気味の悪いドロドロとした魔力と呪の世界である。

飛鳥はおそろしいところである。

想像の跳躍はどのようにしようとすべてが真実であるところに飛鳥の歴史がある。空想の自由がそこにはどこまでもゆるされている。歴史の遊園地である。

このような空想に敢て実証を照合して、その上一つの固定した史観で科学的に一切をしばり上げて必然的論証によって「歴史的真実」をあぶり出して、すべてを解体しつくすことが正しいのであろうか。しかし私はこのような必然性による完璧のパターンよりは、歴史の中の錯綜した偶然性や非合理性、不透明性を捨て得ない。歴史とは多解きわまりない不思議に憑かれた過去の幽鬼の語りであり、未来への黙示録である。飛鳥の歴史はこのようなデモンの語りである。

十三億円の巨費を投じて飛鳥は道路、駐車場、資料館、国営公園と保存事業が進められている。開発と保存のけじめさえ失いはじめている。しかし「だだをこねる赤子のむくろ」とでもいうべき墓穴のあがきが飛鳥本来の心景ではないであろうか。そこには古代の怨霊の毒気がたちこめている。飛鳥を歩くたびに文明の進歩という美名にひきずられて、実際は錆ついて、日ごと夜ごとに朽ち果てて行く自らの心をあわれむだけである。

飛鳥の魅力、それは歴史の素顔がもつ恐怖であろうか。

自然を超えて人間の意志で創造した寺や仏像が長い歳月の流れの果てに傷み、滅び、廃亡して今わずかに破片として残ったものもそのもとの自然のうちに融けこんでしまう。そして其處に二つのものが一つになって、いわば第二の静謐な自然が仄かに発生する。それが廃墟の云ひしれぬ魅惑である。この悲愴な懐古的気分を鮮やかに蘇らせることが飛鳥への私の旅姿である。

私にとっての旅とは世俗の流れに背を向けて土に爪をくいこませて、しがみつき己を捨て、隠遁することである。

（古寺交響詩—趣味と教養の旅最終章テキスト、朝日旅行会、一九九八年七月七日）

第五章

飛鳥の未来へ

——寺尾試案（有料史跡公園化）

「飛鳥保存」へのかかわり

【解説】

太平洋戦争の傷跡が癒えると共に各地で開発が進み、国土が激しく改変されだした。奈良県観光新聞の「観光寸言」第62、63、64号でふれているが、京都、奈良、鎌倉といった古い歴史を持つ都市でもその例外ではなかった。古都の景観を守ろうという動きが高まり、議員立法で制定され一九六六（昭和四十一）年一月十三日に公布されたのが『古都保存法』（正式名称は「古都における歴史的風土の保存に関する特別措置法」）だった。

同法を目的どおりに施行するために、歴史的風土審議会が設置され、「総理大臣又は関係各大臣の諮問に応じ、歴史的風土の保存に関する重要事項を調査審議する」ことになっている。審議会委員は政治家や関係する自治体の首長たちで、実際に調査審議をしたのは、その下部組織で学識経験者などからなる「歴史的風土審議会専門委員」だった。任命権者は内閣総理大臣で、非常に重要なポストとして位置付けられていた。寺尾さんは同年五月三十一日に任命された後、一九九二（平成四）年まで何度も再任され、本人は「比較的にまじめに出席」していたと語っていた。

古都保存法のとりあえずの施策の対象は京都、奈良、鎌倉で明日香村の歴史的風土保存が議題に上ったのは翌年五月二十九日に開催された第五回審議会。出席した寺尾さんは担当省の建設省に次のような質問をしている。具体的に飛鳥をどのように保存すべきであるかを述べたものではなく、役所の見解をただしただけのものだが、寺尾さんが「飛鳥保存」についてのはじめての発言であった。

寺尾専門委員

今後、現地調査、さらには専門委員による検討、審議もあると思いますので、大ざっぱなことについてだけちょっと教えていただきたいと思います。

保存地区を決定するいくつかの条件の中で、史実に基づく、という点を、非常に広く解釈されるということが、この地区の特色になっていると思うのですが、それは、この地区だけに限られる一つの原理としてお持ちになるのか。それとも、いままでの保存地区についてもお持ちになるのか。たしかにこの諮問第五号は、いままでのような、大きな寺とか神社とか、理念で実証されるものではなく、むしろ、遺跡としてしか姿をとどめない、またとどめていても、伝承であるとか、文学的イメージであるとか、極端な場合には、埋蔵文化で、どこまで広がっているのかさっぱりわからないというように、理論的な確実さを求めることはできないという点において、融通無碍——とはおっしゃらないのですが、そういうふうに解釈してきめていきたい、という考え方には、私も非常に賛成なのです。それでなければ、この辺の史実はきまらないと思うのですが、これは、いままでの保存地区には適用できないで、こんどの区域にだけの特殊なものであるのか、ということなのです。

それから、古墳の問題で、これは奈良県でも問題になっているのですが、藤原宮のようなはっきりした都の跡であるとか、あるいは史蹟として指定されているものはいいのですが、宮内庁所管の御陵墳墓と、国の指定史蹟、文化財とが非常に錯綜していると思うのです。その場合に、宮内庁所管の御陵墳墓と、国の指定史蹟、名勝、文化財というものとを、学術的な価値観から区別されるのか。景観の上から考えて、特に古墳というものに対して、古墳であるから、古都としての内容に重点をおくというふうにお考えになるのかどうか。その辺をはっきりしておかないと、古墳群が磐余地区にも畝傍地区の下にもございますが、将来保存地区をきめる場合に、古墳群に対する考え方が混乱してくると思いますので、そういう点について教えていただけたらと思うわけです。

それから、前回の答申の際、古都法に関連する法律の運用をなるべく一本にして、統一的、総合的な形で運用すべきであるという答申が行なわれたわけですが、文化財保護法あるいは自然公園法、建築基準法、森林法等、許可権者が非常に異なっているので、混乱してくると思うのです。とくにこんどの場合、川とか池とか道とかいう特殊なものが入っているわけです。山の辺の道は、右側が住居地域になっております。山の辺の道自身、保存地区の中から出たり入ったりしており、その保存地区の外は、用途計画によると、すぐ住居地域ですから、高層建築がどんどん建ってくるという可能性がある。とすると、景観がまったく崩れてしまうことも考えられるわけです。また、藤原宮跡の場合も、藤原宮跡から見た耳成山の景観というものの間に、橿原市の準工業地区が、現在の計画では、入ってくるわけです。その間に、国道があり、鉄道があり、バイパスがあるということですが、史蹟として指定するということ、文化財保護法における史蹟指定の立場からではなく、景観の立場から見て、バイパスと古都保存法の景観というものは、どの程度までは調和され、どの点からは調和できないのか、という点について教えていただきたいと思うのです。私個人の考えでは、バイパスをつくったから景観がつぶれるとは考えておらないのですが、藤原宮跡に対して、国で買い上げるとか、バイパスの通ることに反対しているというのは、景観に対する考え方か、史蹟に対する考え方か、その辺をはっきりきめておかないと、将来いろいろな問題がでてくるのではないかと思うのです。

それと同じことは、明日香地区の、石舞台の南向きの山であるとか、山の辺の道についても言えると思うのです。

それから、前回の答申の中に、「行政区域を越えて、なるべく一体となる」ということがあったと思うのですが、こんどの場合、桜井、天理、橿原、明日香という行政圏が、雑然と接点をなしているわけで、行政圏の間でいろいろきめていくと、具体的に、橿原市に属している菖蒲池がはみ出てしまうという形になるので、むろん市町村との相談において、行政区域を越えて一つの景観として考えていくような方向をおとりになっていらっしゃるのだと思いますが、その点についても、もし、私の考えに間違いがありましたら、教えていただきたいと思います。

それから、自然景観に対する人文景観の対比ということを、先般専門委員会から申し上げ、座長から御報告した記録の中にもあるのですが、こんどの場合、村落、民家、環濠部落、集落が非常に多いわけです。特に環濠部落とか、田園、果樹園、田畑といった——国有林、社有地、公園あるいは国費買い上げの土地が少なくて、——私有地が比較的多い。農村が多いわけですから。その場合に、先日の第三回審議会で、白毫寺を春日山地区に入れるかどうか、という点の、野崎課長のお答えの中に、

「人家が密集しているから一応除外する」というお答えがあったのですが、こんどの指定される地区には、景観としての民家というものが非常にあると思うので、その点はどの辺まで考えたらよいだろうか、ということ、それから、環境景観とか史蹟景観とかいうものが非常に発達しているわけなのですが、こんどの景観の指定は、国土愛の立場からきめる、という第一条の目的からいって、環境景観や史蹟景観とは別個の立場からきめるべきではないかと思うわけで、そういう点が非常に混雑していると思うのです。

それから、宅地化が非常に進んでおり、こうして審議をしている間にも、土取りというか、不法建築がどんどん進んでいるわけでありまして、前回の委員会で、書面の上ではちゃんとできていて、現地へいくと尻抜けになっているというようなお話もあったわけですが、現地が先に尻抜けになっていて、あとから書類ができるという形になりかねないところもあるわけで、そういうところについて、パトロールの強化という場合には、やはり維持保存のための費用がなければ、ことにこんどの地区については、できない面が多いと思うのです。

それから、二つほどお願いしておきたいのですが、保存区域の指定から特別保存地区の指定までの間を、なるべく短くしていただかないと——これが長引きますと、駆け込み寺のように、その間に混乱が生まれて、非常に悪化した条件で特別保存地区がきまるという事態も生じてくるのではないかと思われますので、その点をお願いしたいと思うわけです。

それから、名称の統一の問題なのですが、いまの風致地区につけております名称と、保存地区にお使いになる名称との間に、これは、私自身にも責任があったかもしれませんが、鎌倉地区の名称をみてみますと、一般保存地区と特別保存地区の名称には二重性がなく、一般保存地区はおよそ地名であり、特別保存地区は大体中核を占めている文化財の名をとっているわけですが、こんどの場合に、仮に藤原宮跡がなるとすると、藤原宮跡地区とするのか、たとえば、一般を平城京跡地区にしておいて、特別保存地区を平城宮跡地区にすれば、名称が重ならないで、はっきりするわけですが、そういう点で、今後名称をつける場合に、風致地区からのつながりというものを、基本的にどういうふうにお考えになっていらっしゃるか、ということも、もし教えていただけるなら、教えていただきたいと思います。別に全部お答えしていただこうとは思わないのですが、今後、現地視察をしたり、専門委員会の中で検討審議する際に、一応伺っておいたほうが能率的ではないかと思いますので、今後審議を進める上で、こういうことは答えておいたほうがためになるだろう、と思われる点がありますれば、お教えを願いたいわけです。

これに対して、建設省の専門官から次のような説明があった。

全部お答えできるかどうか、ちょっとわかりませんが、第一の、歴史的建造物、遺跡等の価値判断をどうとるか、という点につきましては、文化財的な考え方においては、学術上の価値判断が強くなっておりますが、歴史的風土の立場といたしましては、保存法には、「重要な」という表現がなされておりまして、その間にどういう違いがあるか、厳密には申し上げにくいのでございますけれども、必ずしも学術上の価値のみではなく、もう少し普遍化されたものでも差し支えないのではないか、という判断のもとに設定をいたしております。従いまして、確実にあったとか、確実にそこだというふうに断定されたものだけを選定するという立場ではございませんで、書紀、古事記あるいは万葉にうたわれていること自体が一つの史実である、というふうに読みとっていったわけであります。従ってほんとうの伝説あるいは口説の類のものは取捨させていただいております。判断基準をはっきりどこで分けたか、という点は非常にむずかしいわけで、できれば逆にお教えをいただきたいという立場でございます。

山の辺の道の出入りの問題につきましては、第四に御質問の人文景観をどうするのか、環濠集落をどうするのか、という問題と関連するのですが、区域の設定に当って、地元との話合い等をいたしていきますと、既存のかなりの密集集落については、保存区域を設定することが非常にむずかしいという立場が出てまいります。と申しますのは、保存区域を設定いたしましても、現行法では、届出制度だけでございますので、もう少し強力な規制をしたいという立場から、風致地区を抱き合わせ的に考えるというような行政指導をいたしておりますので、そういう立場からいたしますと、かなりの規制が加わってくるということで、相当の集落について行なうということが、現場的に非常にむずかしいような状態がございます。従って、ある程度やむを得ない、というふうに考えたことと、山の辺の道自体に、すでに今日、昔の面影をとどめていないところがかなりあるわけでそういうところについて取捨をさせていただいた、ということでございます。

行政区域につきましては、現在の法律では、行政区域内ということになっております。たとえば、鎌倉の保存区域設定の場合に、実は逗子、あるいは横浜の一部にかかって区域を設定したかったところもございますが、逗子や横浜を古都ということが言いづらい立場にございましたし、その辺は設定いたしておりません。今後法改正等によって可能ではございますが、現行法ではちょっと指定がしづらいと思っております。

ただ、区域内で、先ほどお話が出ました、菖蒲池周辺地域を一体として考えたらいかがか、という御提案は、御検討いただきたいと思います。私の立場でこれを除きましたのは、あの地域が現在かなり乱雑に荒されており、今日においては、歴史的風土というにはあまりにも破壊が進みすぎているのではないかという点からでございます。ただし、風致地区等について、何らかの手当ができないだろうかということで、いま地元等と話合いを進めております。この地域では風土概念というものが失われてきているという立場で除外させていただいたわけでございます。

人文景観の問題につきましては、自然的環境と一体をなしてという言葉が法律の中でもありますし、私どもとしては、人文景観も含んでいるという立場を考えております。

それから、先ほどの藤原宮跡の問題とも絡みますが、当該地域に立った、あるいは当該地域の中に入った場合に、往時の古都を想い起させるような環境の中に浸り得れば、そこに一つの景観も生まれてくるであろうといった、精神的景観と申しますか、そういうものも取り上げていきませんと、単に自然景観、人文景観のように物理的にあるものだけでは、この地域の保存区域を設定する場合、むずかしいという立場に立ったわけで、その意味で、精神的な景観という立場を採用させていただいております。

ただ、奈良盆地、奈良平野全体が、同じような景観構成に基づきますので、どこで線を切るか、ということが非常にむずかしいわけで、できるだけ、そういう埋蔵されたものについても多く所在しているような地域を指定していく、という立場をとりました。ただ、個々につきましては、隣のたんぼもこちらのたんぼも同一景観なのに一線を画されて、片方は規制を受ける、片方は規制を受けない、ということで、現場的にはなかなかむずかしく、非常に決めがたいこともございますが、大体の地元との話合いの上で、そういう線は引かせていただいたわけでございます。特に、雷丘から山田寺跡の方向に向う直線のきめ方等については、非常にむずかしかったと考えております。これらについては、またいろいろと御示唆、御助言をいただきたいと思っております。

維持保存の費用につきましては、本年度予算では認められなかったのでありますが、私どもといたしましては、防火壁でありますとか、はげ山の復旧でありますとか、非常に薄れてきた樹木の更新でありますとか、あるいは補植でありますとか、そういう景観構成上必要な手当に要する費用は、さきゆき何とか補助の形をとりたいと考えて、折衝はいたしております。

それから、保存区域の指定から特別保存地区の指定までを早くしたほうがよいという点につきましては、特別地区となると、非常に強い規制を受けますために、実際にきめる段階までに、相当の地元折衝等がございますので、遅れがちになっておりまして、申訳ないと思っておりますが、今後できるだけ早くいたすように努力する所存でございます。

名称のつけ方につきましては、私どもも非常に迷いまして、地名を主にしてつけさせていただいていたわけでございますが、この点についても御教示をいただければありがたいと思っております。

以上、お答えになったかどうかはわかりませんが……。

（第五回歴史的風土審議会議事録、一九六七年五月二十九日）

保存試案

【解説】

この文は財団法人国立公園協会が刊行した『国立公園』（二百四十七号、一九七〇年六月一日発行）に掲載されたものである。末尾の日付から執筆したのは、同年四月十一日になっている。同月十八日の朝日新聞朝刊（大阪本社版）には「有料史跡公園にして保存しようという試案を、十八日に歴史的風土審議委員会に送付される」となっており、そのもとになった原稿らしい。

古文化財と風土―国立飛鳥有料史跡公園の試論的提案

（1）文化財に内包する風土

謎のような古式の笑、かるく頬にふれている神秘的な中指、香にたきこめられた底光のするつやつやした漆黒の半裸の肌。いかるがの里にひそやかに半跏思惟の姿で千年をこえて黙座する中宮寺観音は、いつの時代にもやさしくしめやかに飛鳥の姿を訴えつづけている。日本人にとって魅惑のみほとけであるこの中宮寺観音像については、実に多くの人がさまざまの感慨を託してきた。おそらく万葉集とともにこの像は民族の郷愁のよりどころである。

私はこの像にいつも、かつて神話から説話までを育てあげた日本古代の抒情のふるさと、大和三山や飛鳥川のほとりの原初の山や川、草や木を想い起こしていた。日本の山河の化身をこの像にみるからである。かつて万葉人は「ぬばたまの夜ふけぬれば久木生ふる清き河原に千鳥しばなく」「足引の山川の瀬の鳴るなべに弓月嶽に雲立ちわたる」「石ばしる垂水の上のさわらびのもえいづる春になりにけるかも」などというふうに川の流れ、雲の動きにただ心を奪われていた。しかしこのような自然への悲哀と憧憬は、ついに人間の形をとる「仏」への哀愁と歓喜にかえられる日がきた。ひたすらなる帰依による、よろこびとかなしみが新たに現われた。中宮寺観音は、大和の山河の哀愁を現実の大和よりも深く秘めている。近代化への開発のためにいま大和はほろびつつある。その無残な姿を、私は『ほろびゆく大和』に書きとめた。その荒廃のただ中に、この像は永遠の形相として、大和のおもかげを伝えている。

和辻哲郎は『古寺巡礼』の中で、この像を聖女と呼んだ。観音でも、聖母でもない。母であるとともに処女であるマリアの美しさには、母の慈愛と処女の清らかさとの結合が女を浄化し透明にするといっている。そこからこの像のことを慈悲の権化であるとのべている。そして島国日本のやさしい自然を人間の形にするとすれば、この観音となるほかないと書いている。この観音の中に日本の風景がのぞきみられるのである。

大和の歴史的風土と古代景観としての自然を、現在の荒廃と都市化の波に洗われている現実の大和の風景よりも、この像のなかにこそあざやかに見出し得るからである。

「素朴」ということは飛鳥の土に今なお残された大切な身上である。

ある日、この飛鳥の地にある岡寺の本尊塑像如意輪観音の胎内から像高五寸七分、台座の高さ四寸五分、銅造鍍金の菩薩半跏像が発見された。その像岡寺胎内仏は、今は飛鳥の地を離れて京都国立博物館の一室に静かにおさめられているが、頭をやや傾けて、内にくもりない微笑を含む一尺に足らないこの像には、限りない可憐さが安らかにたたえられている。その姿には、飛鳥の明るい風土や土の香りがにじみでており、本当に牧歌的なひびきが立ちのぼる像である。

飛鳥を歩いて一番感じるのは、からりと晴れ渡った空のようなさやけさである。ねじまげた感傷の重苦しさや現代がもつうつろさがない。そうした飛鳥の空気と土を蒸溜しつくしたものが、この胎内仏の表情である。

(2) 古文化財の環境条件としての風土

一方明日香村の飛鳥寺(安居院)の丈六金銅釈迦如来は、古代の面影をそのつぎはぎだらけの怪奇な顔にかすかに残している。この像に誘いこまれる無気味な魅惑は、歩けばカツカツと音がする、呼べば古代の亡霊が答える歴史の白い幽鬼が立ちのぼる飛鳥の独自の風土のなかにあってこそ感動を与えるのである。

このように大和の風景は古文化財を核とする風景であって、単なるどこにでもある日常的な風景ではない。大和というところをかみしめると、このことがはっきり他のところと区別されるのがわかる。

それは、時の流れを断絶し、貴重な空間をつぶして占められるシンのある心象風景である。また、それは風景の内奥にひそむ自然にふれるだけでなく、かつて仏像や建築をつくり、みやこをいとなみ、伝承や文学を育てた、古代の人の心にふれようとする現代人の胸中に深く根ざす、過去へひたすら遡行しようとする歴史の追体験としての郷愁でもある。

その日本の心のふるさと大和の山河の景観を亡ぼさないで今日まで支えて伝えてきたものは、社寺、原始林、墳墓、そして農耕地である。そのうちで特に大きな役割を果たしたのは、地上に何の痕跡もとどめない空間展開をもつ平凡な水田地帯であった。人間の尺度で区切った水田を中心とする農耕形態が、自然に集落と民家をつくり、他面、広大な空間を残して来た。それは計画的に合理性をつきとめた都市計画的な人工的構成でなく、柔らかに天然に形成されたもので、天衣無縫の伸びのびとしたものである。薬師寺三重塔、飛鳥の川原寺や石舞台、山の辺の道、大和三山など、この水田の前景を必須条件として成立している景観である。大和特有の民家の三角形の屋根や目のさめるような白壁、そしてその間を縫うようにのびる街道が、これら風景のかけがえのない環境条件となっている。

しかし、このような古都にまで景観の企業化商魂化が及んできた。そのために「失われてゆく風景」があまりにも多く出て来たので、昭和四十年十二月二十四日、第五十一回国会議員建設委員会が衆参両院で開かれ、奈良・京都・鎌倉を中心とする「古都における歴史的風土保存法」の審議が行なわれ、議員立法として国会を通過した。それが古都における歴史的風土としての景観を新たに確立しようとする世にいう「古都保存法」である。

その古都保存の方法として、この法案は、在来の公園法、文化財保護法などとは全く別の観点から古都の状況を優美な姿で維持したい。つまり、在来の公園景観でも史蹟景観でもない、古都としての歴史的風土性に立脚した環境景観、人文景観の総合一体化した意味を指向した。したがってこの法案は、文部省の主管下にあった文化財そのものでなく、文化財の付近の景観の「土地の利用」にあるので、建設省の管下におくことは、開発が遺跡や文化財に対して主導権をとると解釈してもよいかというこの法案の基本性格である「開発と保存」の優先性についての質問論議もあった。これに対して当局からは微妙な答弁がなされた。歴史的風土といっても中身が一つ一つ異なっているので、一定の基準を設けることはできない。建築物工作物があった方が景観がよくなる場合もある（将来指定地区を分断する国道バイパスなどを予測した発言であると思う）。逆にまた、飛鳥地方のように現在耕作されているところに多くの遺跡があるから耕作されているままの状態でおいておく方が保存に最も適当である。

しかし今の農地法では小作地を地方自治体や国が所有することはできないので、将来の問題として考えたい。といった答弁である。

それにもまして、この法案の運用と作業の上で最後まで問題になるのは「古都」「歴史的」「風土」ということの概念規定である。法文では「古都」とは「我国政治文化の中心等として歴史上重要な地位を有するもの」とあるが、この政権の質や長さ、それと文化との必然的関係をどう見るかという問題。「歴史」も大寺、神社、宮跡など理念による実証性のあるものはいいとして、感覚による推定で、学術上不明確な古墳、陵、道、遺跡、そしてこれが伝承説話、文学、特に万葉集に現われたイメージによるものを、どう価値体系の上から区別するかという「史実」の固定化を避けねばならない問題。国指定の史蹟、文化財、名所伝承地の史蹟、宮内庁所管の御陵墳墓と非常に錯綜している場合も至るところにある。史実と伝承との区別をどこまで認めるかという問題である。特に「歴史的風土」とは「歴史上の意義を有する建造物遺跡等が周囲の自然的環境と一体をなして古都に於ける伝統と文化を具現し、及び形成する土地の状況をいう」と規定してあるが、このさいの風土とは、歴史を形成し、これに本質的影響を与え、逆に歴史によってつくられたもので、現代でもそれを除いてはその歴史を考えられない必須条件となっているものであろう。歴史そのものが風土であり、風土はそのまま歴史である。風土は単に自然環境だけでなく、逆に人間の自己投企を含む。人間の自分の本来のあり方を見出すものである。もしそうなれば、文化財の周辺の集落、民家、産業、街路、田畑、気候など人間生活の一切を含めた人文景観的なものを含むのは当然である。しかし、実際にこの古都の対象に現在取り上げられているものは、文化財を中心として遠眺（背景、前景）、環境（直接の周辺）、町並（アプローチとしての町並）、見返り（上の三つの視点から文化財への求心的方向）の四つの視覚的景観と、その圏内に入る山、林、川、畑などの自然景観に限られている。本来からいえば景観は風土の一部分に過ぎない。

古都法の場合は、単なる環境景観、史蹟景観でなく、風土に立脚した「精神的景観」であるべきであるが、その内容構成は、まだ今までの指定では、確立されていない。風土とは人間が自分の本当の姿を発見させるものである。

（3）新たなる風土論—風土は与えられるものでなく人間と民族がつくるもの

風土とは、一般にはある土地の気候、気象、地質、地味、地形、景観などの総称を指示する。日本的にいえば「土壌」ということになる。

古都法における「風土」とは、文化財の周辺の「土地」の状況と規定しており、これに関する部分を抜粋すると、『この法律において「歴史的風土」とは、わが国の歴史上意義を有する建造物、遺跡等が周囲の自然環境と一体をなして古都における伝統と文化を具現し、及び形成している土地の状況をいう。』（第二条の二全文――傍点は著者）とある。尚、この風土論の前提として第一条の中に「もって国土愛の高揚に資するとともに、ひろく文化の向上発展に寄与することを目的とする。」とある。以上の点をつけた言葉のなかに、古都法における風土の概念がおよその形で浮かび上がっている。

古都法の「風土」については、当初において十分論議をつくされることがなかったため、審議の過程において、指定の進むにしたがって幾つかの疑問点や概念の変革による首尾の一貫性を欠如することがあった。その為、この法律による風土の限界は一般には自然景観にとどまり、ある場合には精神景観としての色彩が強められたこともあったが、人文景観に及ぶことを避ける傾向は強かった（この場合の精神的景観としては「山の辺の道」「三輪山」「藤原宮」「大和三山」「明日香」のような、神話や文学、説話、それに万葉集によるイメージから構成され、必ずしも史実の確証されたものや、明確な古文化財の核が欠如していても指定すべきであるとの意見が有力になった）。

しかし、古都法は、最後まで集落や部落や街路を除外して来た（春日地区の元興寺の門前町、山の辺の道の竹内環濠部落など）。したがって、古都法の特別地区は国有材、宮内庁管轄の陵墓、社寺の所有地、国の買上地、公園などを多く含み、民有地は少なかった。このように、風土の中から人文景観を除外したことにより、今後に多くの問題を残している。

それでは、風土の本来の意味とは何なのであろうか。風土の本来の意味は単に土地の状況というただの自然地理的景観でなく、むしろ、人間とその生活とのつながりが重要な意味をもつ。ヘルデルの風土学に、「風土とは生ける自然の解釈の方法によって人間の日常生活的な姿から神秘的な生の力の話形成を見いだそうとする。」「風土が生活の仕方を単なる認識の対象として取り扱わず、常にそれを主体的な人間存在の表現と見る。」「風土とは地球上のそれぞれの土地に固有な、唯一なものである。」「風土とは自然と精神とを区別しない自然の概念にもとづいたもので、風土的なものとして、人の感覚、想像力、感情、衝動、幸福など……。」これらは、何れも風土の中核に人間とその生活を重要視している。和辻哲郎はこの場合を更に展開して「風土の型は、人間の主体的な自己了解の型。我々は『風土』において我々自身を、間柄としての我々自身を見いだす（我々は、花を散らす風において歓びあるいは傷むところの我々自身を見いだすごとく）。」

更に人間を核としての風土論は「人間は単に風土に規定されるのでなく、逆に、人間が風土に働きかけてそれを変化させる。」という環境的条件としての風土でなく、人間によってつくられる風土の新たなる性格を展開している。風土を現状のままに凍結して、あくまでも受け身の立場で受納しようとする古都法の風土論に対して、新たなる風土論が今後考えられねばならない。（傍点は筆者）

（4）古文化財とは何か——景観を文化財とせよ

古都法は、「風土」を歴史上意義ある建造物、遺物の周囲としている。

一方、わが国の文化財の種類は、

文化財
- ◎有形文化財——建造物・美術工芸品・書跡・古文書・考古資料
- ◎無形文化財——演劇・舞踊・音楽・工芸技術
- ◎民俗資料——風俗習慣・生活用式
- ◎埋蔵文化財——埋蔵物である文化財
- ◎記念物——遺跡・名勝・動植物・地質鉱物

となっている。しかし、ここで注目してもらいたいのは、文化財の中で特に建造物と遺跡に限定していることである。このことは、前述の新しい風土論の展開より考えると、風俗習慣、名勝などが文面から消えてしまっていることに注目せざるをえないのである。それは、風土の概念規定のせまさに問題の所在があり、また加えて、文化財の定義についても文化財保護法の第二条に「建造物、絵画、彫刻、工芸品、書跡、典跡、古文書その他の有形の文化的所産でわが国にとって歴史上価値の高いもの及び考古資料……」「貝づか、古墳、都城跡、旧宅その他の遺跡でわが国にとって歴史上又は学術上価値の高いもの、庭園、橋りょう、峡谷、海浜、山岳、その他の名勝でわが国にとって芸術上又は観賞上価値の高いもの並びに動物（生息地、繁殖地又は渡来地を含む）。植物（自生地を含む）及び地質鉱物（特異な自然の現象の生じている土地を含む）。でわが国にとって学術上価値の高いもの……」と歴史上、芸術上、学術上価値の高いものと極めて消極的な規定であることにも今後の問題点を含んでいると思われる。その上に、文化財という言葉は元来英国のナショナルトレジュアをまねして、国民文化の記念すべきものを国家が保護する意味で重要文化財と名付けて指定保護し、その内最も重要なものは国宝として特別扱いとしたので「財」という文字に「物質文化」偏重の臭いがあることは争われない。

ここに、そうした古文化財を単に財産（文化遺産）と考えるだけでなく、財としては、むしろ経済的負であり少しも代償性をもたない歴史的な「精神景観」「歴史的風土」そのものも新たな古文化財として加える必要がある。この景観をも文化財にせよという私の提案は、従来の「古文化財」に対する概念破りである。今、問題の焦点に立っている明日香というものを考える時に、この「お宝意識」からの脱却の必要性を痛切に感じる。

(5) 国立飛鳥有料史跡公園の試論的提案

(一) 飛鳥の現状

飛ぶ鳥の明日香は、有名な大化の改新の舞台となったところで、西暦四一二年允恭天皇が遠飛鳥宮《とおつあすかのみや》に即位以来この地方に日本文化の息吹きがはじまり、西暦五九二年推古天皇の豊浦宮《とゆらのみや》、小墾田宮《おはりだのみや》、舒明天皇の岡本宮、皇極天皇の板蓋宮、斉明天皇の川原宮、天武天皇の浄御原宮など、平城京に移るまで約一世紀のあいだ、都は概ね飛鳥地方に定まり大和三山の外に出ることが少なかったといわれる。

五世紀以後の飛鳥地方は帰化人の中心地であって高い文化が栄えた。日本最古の飛鳥寺をはじめ川原寺、豊浦寺《とゆらじ》、坂田寺、大官大寺、橘寺等の諸大寺が建てられ、文化、政治の中心地となり、七世紀を中心として日本古代国家の基礎はここで固まったのである。

現在の飛鳥は奈良盆地の南端に位置し、東北部は標高四百～五百メートルの山丘をもっている桜井市に、東南部は標高五百～七百メートルの山丘を境界として吉野町に、西南部は高取町に、西北部は橿原市に接する総面積二千四百四ヘクタール、人口六千七百五十人の農山村である。産業別就業人口は、第一次産業千五百五十六人、第二次産業九百七十四人、第三次産業六百五十人である。

農家は全世帯の約七十パーセントを占め、九百六十戸、経営面積約六百ヘクタール、米の生産高は約千六百トン、米麦栽培の外、蔬菜、甘橘、シイタケの栽培が行なわれているが、農業が主産業であって、その他の産業としては特筆すべきものはないが、大阪に至近の距離にあることから宅地造成の傾向が強まってきたため昭和四十一年に都市計画区域が指定された。

しかし、この静寂であった明日香にも宅地開発の攻勢は激化の一途を極め、村境に迫って大団地が開発されつつある。甘樫丘に立って西方を眺めれば、赤や緑の屋根の住宅の波濤を眺め、飛鳥はもうほろびたとひしひしと胸に迫るものがある。このことは、一方で先祖以来の自然美と史蹟の保存を心に大切なものとしてとどめながら、他方住民の感情にどこか割り切れない不安と動揺が流れている。

㈡ 対象

国立飛鳥有料史跡公園の中核は、はたして何であろうか。日本の心の源流、または原型としての古代景観を軸とした風土である。それは、単なる自然景観や人文景観の綜合ではなく、精神景観と呼ぶべきものであるかもしれない。したがって、そこにかつて帰化した百済人や漢人の血を受け、聖徳太子や蘇我馬子の系統をひいて生き伝えてきた飛鳥人としての現在の住民とその暮らしを丸ぐるみ含むのである。この精神景観としての飛鳥は、史実としては未確認の埋蔵文化を地下に持ち、イメージとして、なつかしい地名にその名ごりをなおとどめている万葉のイリュージョンを豊かに内包している。

それは、歴史のにおいのする空想的空間とでも呼ぶべきものであろうか。無理に私達を圧倒し、圧し潰されていくような冷たい映像でなく、自由に思うがままに創造しうる歴史的空間、それが飛鳥の核である。

(三) 方向

それでは、そのような飛鳥をどのような方向で残すことができるであろうか。田園景観というとややニュアンスを異にしていると思われるので、原始の香のする素朴な田舎というイメージとして残さねばならない。しかも、そこは神と人との間に不思議な交霊と鎮魂の祈りがこめられ、自然への限りない畏怖と呪詛に包まれながら、古代の亡霊が今もまだ生き続けているような、「地霊感覚」がひしひしと迫るようなこの地帯独特のある不可解なもの、非合理なものをさりげない姿のまま残さねばならない。したがって、それは過去の一般的の文化財というカテゴリーにも盛り切れないし、また、宅地開発対埋蔵文化財という一直線の問題だけでもない。

(四) 基本的なヴィジョン

したがって、「国立飛鳥有料史跡公園」の基本的な構想は、単に保存地区と開発地区を線で選びわけるという平面的なことではなく、また、点を線に線を面にという拡大的な方法でもなく、むしろ立体的なかたまり、地下から天上までを含む特殊なものである。日本古代の記念景観として、全く新しい概念に入らねばならない。恐らく、大和平野はここ数年を経ずして平坦地は宅地開発によって市街化されることはやむを得ない。せめて、その山麓から尾根に至る青垣山が残されるのが宿命である。とすれば、飛鳥は大和平野に残される最後の農村、最後の田舎である。したがって、今までのような手垢の付いたマンネリ化した保存エゴイズムではなく、全く新しく考え直さねばならない。

（五）公園基本計画

（イ）構成

飛鳥の景観は、（一）、集落（二）、丘陵（例えば十メートルを出ない雷の丘）（三）、畑（四）、寺院（五）、河川（飛鳥川）（六）、石（七）、万葉と歴史のイメージ（八）、埋蔵文化財である。こうした構成の内容は人間と自然との交流であるから、いわば「暮らしと保存」の問題である。この暮らしの基盤は農村である。離村への全国的傾向のただ中で、この農村をいかに維持するかということが問題である。農業を営む人の土地に対する先験的な所有感覚は、執念に近く、値上りへの期待と、自己の所有であるという安心感から容易でない問題を含む。いわば、ここでは土と土の戦いである。

（ロ）性格

国立飛鳥有料史跡公園の性格は、農村風景を軸とした万葉集のイメージ、埋蔵文化財、帰化漢人の文明、仏教伝来による寺院建立、帝都造営の遺跡などを含む、いわば「青空博物館」とでもいうべきものである。（別紙一覧参照）

（ハ）区域

特別保存地区、一般保存地区、風致地区、史蹟を中核として、万葉集のイメージを呼起こす重要な地帯を含める。

明日香全村で二十四平方キロメートル、その内、風致地区〔一般保存地区三百九十一ヘクタール・特別地区六十ヘクタール（内、飛鳥宮跡五十五ヘクタール・石舞台五ヘクタール）〕である。公園区域としては全村が理想であるが、現実には明日香村の生きていく場としてある程度の生活空間を除外しなければならない。それらを考慮して試みに作図したのが別図（省略）である。このためには、先ず特別保存地区の拡大と風致地区の強化が必要である。

（二）　管理権と地域制の問題

日本の全国土の一・二パーセントが市街地で、ここに四十八パーセントの人口が集中しており、残りの大部分は森林と農地である。

日本の全国土の十二・七パーセントを占める自然公園は、管理主体が土地の管理権をもつアメリカ・カナダと異なって、イギリス・フランスと同じく土地の管理権と関係なしに公園区域を指定する地域制を採用している。国立公園では私有地二十一・四パーセント、国定公園では四十・四パーセントである。また、国有地の九十二・五パーセントは国有林野である。したがって公園地内の「公用制限」は、土地の所有権、財産権を制限している。この自然公園の他に、「都市公園」「国民公園」更に「海中公園」「道路公園」の企てもある。また、この他に「国営公園」として、明治百年記念国営「武蔵野陵森林公園」三百四ヘクタールが国の直轄事業として整備され始め、四十四年に用地買収し、全国の公募による「武蔵野陵森林公園基本計画案競技」の入選作によって計画されている。

国立飛鳥有料史跡公園の構想を平城や大宰府の史跡公園とは異にして、しばしば全村買上説が称えられた。また、これと同じ理念としてかつての「天領」に発想した「日本国飛鳥京」とし、村議会を廃して住民会議を持つことが提案された。明日香の場合では、国の予算で行なわれなければ単なる地方自治体としては不可能だとの説がある。しかし、川原寺前の田が史蹟指定を受けたために、坪二万円を呼んでいた土地が三千円でも買手がなくなったという住民もあって、「買上げ」「指定」に対する住民の不信と疑惑は相当根が張っているため、単純に一挙に買上げれば一切が解決するとは思われない。公園計画に基いて史跡指定地区、古都法の特別地区（現在六十ヘクタール）は希望買上げをなし、同保存地区（約三百九十一ヘクタール）と公園の園内に指定されたところは、傾かせはするが強いないという方向で、次第に買上げていく為の土地先取準備金を用意しておくことが必要である。実体は希望買上げ、将来は計画買上げの線である。一方、買上げた土地は条例を規定して、農業を希望する旧地主には今まで通り耕作権と収益権を認め、国立公園管理人の資格を与えて、出来るだけ農村としての景観を維持することを条件とする。そして、更に、飛鳥史跡公園の外延として藤原、飛鳥五千二百六十九ヘクタールを中心に、外苑としての構造で現在の行政区画を捉われないで、むしろ地形と風土の連絡を重んじていくことが望ましい。そうした一つの発想として、目下進行中の東海自然歩道を中核とする「青垣山国定公園」と何かの形で連接するか、または飛地として大和青垣山公園の一環としての特別保護地区として飛鳥史跡公園を考えることも可能である。

（ホ）有料制の方法と根拠

定員制を前提とする有料制は、過剰利用による俗化の防止、単なる娯楽観光地でなく学習、教養観光地としての「青空博物館」の性格を維持するため、さらに最近の国立公園の一つの考え方である受益者負担の原則による設備の充実化、さらに観光乗数（投資消費と還元の関係）の立場としての地域村民への還元を理念とする。尚方法としては、私の試案であるが十三ヵ所に大小の「関所」を設けて（別図参照）一人平均例えば三百円の観光入村料（入園料）を取るとすれは、四十四年度の観光客五十万、四十六年には七十万、五十年には百万人以上になるという推定のもとで計算すると四十六年には二億円が、五十年には三億円の収入が入る。そのため、目下の石舞台などの入場料、各社寺の拝観料は撤廃したい。なお、駐車場については奥山か小山あたりに有料駐車場を設け、一方公園の正門には正門道路を設けて、ここでバス、自家用車等のすべての乗員を車から引きずり降ろして、園内は一切自然歩道を歩いて貰うことにしたい。住民専用の産業のための生活道路は、別個に考えたい。

（へ）問題点

残された問題として、七千の村民の暮しの基盤整理による確保と生活水準の向上を考えなければならない。ここでは、「保存と開発」でなく「保存と暮し」の問題である。生活優先の透視図がつくられ、明らかに保証されない限り保存の本当の協力はありえない。村民の生活を不在にし犠牲にした保存は、一切無意味である。特に、国策としての離農促進策のただ中で、明日香の農業のさきゆきをどう計画するかということは、単なる主産地形成政策や農業種目の改善、流通機構の改革、農業近代化だけでは不可能である。土地の所有感と勤労意欲との結びつきから離れ得ない農民の気持ちから見ても、容易でない重要な問題を潜在せしめている。所詮は、徹底的な農業保護政策による他に道はない。

農村風景が飛鳥景観の基本構造であることを思う時、単なる小手先や流行としての観光農業や民宿ブームに依存することは危険である。その他雷、小山、奥山の指定、現在計画進行中の最高幅八・五メートル、延長一万五千メートルの道路計画は、一応公園総合計画案のできるまで中止することが必要である。道路計画が、公園計画に先行することは許されないからである。破壊されつつある景観の修景各社寺の自主活動、史蹟と史蹟をつなぐ歩道の設置、園地区とその他の集落をつなぐ街路、広告及立札類の規制、「飛鳥古京を守る会」「飛鳥村塾」「歴史センター」など全国の明日香に対する純粋な好意と援助の活用（ナショナルトラストの発想）、村民へのPR、村立万葉短歌学校の設立など、その何れを取上げても明日香に於ける公園計画の成否を決するのは時間との戦いである。そのためには村や県に任すのでなく、国の中央機関が現地に出張して処理すべきである。国は単なるポーズであるか、または真に決断と誠意を持っているかを示すべき時である。

（六）結び―狂心か安らぎか

かつてこの地に都を定めた斉明女帝は、何かに憑かれたような暗い情熱を抱いて、いら立つように土木工事を起した。老女帝の真意も知らない住民怨嗟の声をよそに彼女は大土木工事を完工した。当時の人は、これを「狂心《たぶれごころ》の渠」と呼んだという。また、東西四百メートル、南北八百メートルの真神原は、かつてこの広場に外賓を供応し、あるいは、けまりを行ない、時には血をもって争った万葉以来、「飛鳥人」あっての明日香である。今やこの明日香国立公園は経済成長のただ中に、あえて「負」として、無用の用としての歴史的風景の貴重性をかける国民に課せられた問題であり、国の去就を決する決断の時でもあるが、素朴な住民のうらみを買って、「狂心の渠」と呼ばれないために、明日香を好事家の箱庭にしないで、全国民の視野から日本のこころの茶室として取り上げねばならない。

かつて飛鳥には、亡命した帰化人が最後のすみかとしてここを「安宿」と呼んで住みついた。恐らく飛鳥こそが彼らにとって長い旅路の後でようやく安住できた「安らぎ」の所であったのだろう。「飛鳥史跡公園」こそ我々に心の安らぎを与えてくれる民族の悲願の一つである。石舞台、猿石をはじめ、不思議な石の形を築いた原初の人達、又は聖徳太子や蘇我馬子、そして死と恋の前に素直に泣きさけんだ万葉人の亡霊を再びここに呼びもどし、ここに真実なる民族の安らぎの場、いつきの場、そして教育の場を日本人の美と心の源流にさかのぼって呼びもどす国民の広場としなければならない。私達は、日本の心のふるさと飛鳥を死なしめて、遺族となり黒い喪章をつけてはならない。

「飛鳥を亡ぼしてはならない」、これはこの里に住む飛鳥人にも、日本全国民にも課せられた至上命令である。

（昭和四十五年四月十一日）

飛鳥の主な歴史的風土

種別	世紀	代数	天皇	宮名	推定所在地	指定性		
						特別	保存	風致
宮跡	Ⅶ	33	推古	豊浦宮	明日香村豊浦		●	●
				小墾田宮	明日香村豊浦			
		34	舒明	飛鳥岡本宮	明日香村奥山			
		35	皇極	飛鳥小墾田宮	明日香村豊浦			
				飛鳥板蓋宮	明日香村岡	●	●	●
		37	斉明	飛鳥川原宮	明日香村川原	●	●	●
				後飛鳥岡本宮	明日香村奥山			
		40 41	天武 持統	飛鳥浄御原宮	明日香村飛鳥		●	●

	名称	所在地	備考
御陵	桧隈坂合陵	明日香村—平田	欽明陵
	桧隈大内陵	明日香村—野口	天武・持統 合葬陵
記念物等	酒船石	明日香村—岡	（史跡）
	大官大寺跡	明日香村—小山	（史跡）
	牽牛子塚古墳	明日香村—越	（史跡）
	中尾山古墳	明日香村—平田	（史跡）
	川原寺跡	明日香村—川原	（史跡）
	橘寺跡	明日香村—橘	
	定林寺跡	明日香村—立部	（史跡）
	石舞台古墳	明日香村—島之庄	（特別史跡）
	飛鳥寺跡	明日香村—飛鳥	
	都塚古墳、岩尾山古墳、鬼の雪隠・俎		
社寺	岡寺	明日香村—岡	（仁王門—重文）
	於美阿志神社	明日香村—桧前	（石塔婆—重文）
	豊浦寺・坂田寺・奥山久米寺・定林寺・紀寺・大官大寺・山田寺・桧前寺・光原寺		

明日香景観の問題点

破壊されて最早手のほどこしようのないもの。
◎五条町東口団地（約300戸） ◎劔池孝元陵附近（約750戸） ◎阪合地区飛鳥団地（宅地） ◎真弓ヶ岡（鉄筋五階住宅） ◎丸山古墳の合板工場 ◎菖蒲池古墳の背後の払山
修景すべきもの
◎県立養護学校 ◎村営住宅 ◎村役場 ◎公民館 ◎電話局 ◎村立診療所 ◎岡地区集落（西山夘三氏「飛鳥計画」の手法による。） ◎川原寺・飛鳥寺・橘寺・石舞台の駐車場 ◎飛鳥小学校のプール ◎飛鳥川護岸工事と上流採石場 ◎聖徳中学校・高市小学校　幼稚園 ◎石舞台周辺

国立飛鳥有料史跡公園関所想定一覧表

番号	関所名(別名)	備　考
(1)	第一大関所 (豊　　浦)	八木駅(近鉄橿原線)より国道24号線及国道169号線を経て飛鳥川に沿って豊浦に至る。
(2)	第二大関所 (天武・持統陵前)	岡寺駅(近鉄吉野線)より天武・持統陵に至る。
(3)	第三大関所 (下平田)	橘寺駅(近鉄吉野線)より下平田に至る。
(4)	第四大関所 (御園・文武天皇陵前)	橘寺駅より国道169号線を経て御園・文武天皇陵に至る。
(5)	第五関所 (桧第一関所)	橘寺駅より御園を経て桧隈に至る。
(6)	第六関所 (桧隈第二関所)	橘寺駅より国道169号線を経て桧隈に至る。
(7)	第七関所 (大根田)	阿部山より大根田に至る。
(8)	第八大関所 (栢　　森)	芋が峠（吉野町との境）より栢森に至る。
(9)	第九関所 (細　　川)	多武峰と下畑より細川に至る。
(10)	第十関所 (東　山)	小原・高家より東山に至る。
(11)	第十一大関所 (奥山・久米寺跡第一関所)	桜井より奥山・久米寺跡に至る。
(12)	第十二関所 (奥山・久米寺跡第二関所)	香具山より奥山・久米寺跡に至る。
(13)	第十三関所 (小　　山)	耳成駅(近鉄橿原線)より小山に至る。

【明日香村特別措置法】についての発言

【解説】

一九七〇年六月二十八日、明日香村を訪れた佐藤栄作首相が「飛鳥保存」を約束した。それを受けて国や県による保存政策への動きが活発となり、暮れには「飛鳥保存」の基本方針が閣議決定された。それに対して、明日香村の村民からは「規制を強いられ、生活が犠牲にされる」と強い反発が出始めた。保存規制強化への見かえりとして、村民の暮らしに役立つ特別立法の制定がなかなか進まなかったからである。その憤懣は、直接村民と会うことの多い寺尾にもぶつけられていた。風土保存の青写真づくりに関係した、歴史的風土審議会の専門委員だったからである。しかし、私（高橋）の知る限りでは、だれよりも「村民の暮らしと風土保存の調和」を考えていた人物だったと思う。次の記録は、「明日香村特別措置法」（一九八〇年五月二十六日、公布）の制定に先立ち、四月二十二日、参議院建設委員会の審議に参考人として出席したさいの発言である。

○委員長（大塚喬君）

次に、明日香村における歴史的風土の保存及び生活環境の整備等に関する特別措置法案を議題といたします。

まず、政府から趣旨説明を聴取いたします。小渕総理府総務長官。

○国務大臣（小渕恵三君）

ただいま議題となりました明日香村における歴史的風土の保存及び生活環境の整備等に関する特別措置法案について、その提案理由及び内容の概要を御説明申し上げます。

この法律案は、飛鳥地方の遺跡等の歴史的文化的遺産がその周囲の環境と一体をなして、わが国の律令国家体制が初めて形成された時代における政治及び文化の中心的な地域であったことをしのばせる歴史的風土が、明日香村の全域にわたって良好に維持されていることにかんがみ、かつ、その歴史的風土の保存が国民のわが国の歴史に対する認識を深め、国を愛する心の涵養に資するものであることに配意し、住民の理解と協力のもとにこれを保存するため、古都における歴史的風土の保存に関する特別措置法の特例及び国等において講ずべき特別の措置を定めるものであります。

次に、この法律案の概要について御説明申し上げます。

第一に、内閣総理大臣が定める明日香村歴史的風土保存計画に基づいて、奈良県知事は村の区域を区分して、都市計画に第一種歴史的風土保存地区及び第二種歴史的風土保存地区を定め、それぞれの地区に応じて、歴史的風土の保存を図ることとしております。

第二に、奈良県知事は、明日香村における生活環境及び産業基盤の整備等に関する計画を作成し、内閣総理大臣に承認の申請をすることができることとしております。この明日香村整備計画に基づき、明日香村が昭和五十五年度から昭和六十四年度までの各年度に国から負担金または補助金の交付を受けて行う事業については、首都圏、近畿圏及び中部圏の近郊整備地帯等の整備のための国の財務上の特別措置法の例により、国は財政上特別の助成を行うこととしております。さらに、明日香村整備計画の円滑な達成を図るため、国は、地方債についての特別の配慮を行うとともに、財政上及び技術上の配慮を行うこととしております。

第三に、明日香村が、歴史的風土の保存との関連において必要とされるきめ細かい施策を講ずるため、条例の定めるところにより、明日香村整備基金を設ける場合には、国は、二十四億円を限定として、その財源に充てるため必要な資金の一部を補助することとしております。

以上が、この法律案の提案理由及びその内容の概要であります。何とぞ、慎重御審議の上、速やかに御賛同くださいますようお願いいたします。

（略）

○参考人（寺尾勇君）

寺尾でございますが、私は、主といたしまして、この特別措置法の第一条の目的に関しまして御参考までに申し上げたいと思います。

その中の題目をなしております「歴史的風土」、一行目の「その周囲の環境と一体をなして」、三行目の「全域」、その下の「良好に維持されていること」、それから四行目の「歴史に対する認識を深め」、五行目の「住民の理解と協力」これらの点にしぼって、特別立法にからめまして、なぜ明日香を保存しなければならないかというふうな問題につきまして御参考の一助に申し述べたいと思います。

明日香は、かつて万葉集に示されましたように「山高み川遠白し」と、日本のエネルギーと非常なあらしのような時代でありました日本歴史の創成期の時代のかつての舞台でありまして、いまはその昔日の面影をとどめるものは地下に埋められたものと山野のながめだけが残されました。二千四百ヘクタールと人工七千という小さな村でありまして、しかも非常に壊れやすい、もろい自然を持ち、かつ、地下に埋もれておりますときは何らの物の意味を持たないものが、先ほど末永先生のお話しのように、これを一たん掘り出しますと、日本の歴史上根本的に考え方を変えねばならないような重大な意味を含めました果てしない地下埋蔵古文化財の密集しておる地帯であります。しかも、ほとんど全域にわたって規制の網をからめられた形であって、村というものを対象にいたしました法律といわれるものは、先ほど承りますと日本にはごく一つ二つにとどまるきわめてまれなケースでありますし、また、そのために非常に困難な問題であり、また、その意味において一見平凡でありながら非常に貴重な意味を担っているものではないかと思います。

私は、この特別立法がなぜ明日香を守らねばならないかという意味から申しまして、やはり一つの宿命であると考えます。これを政治の問題として取り上げねばならなかったことも、すでに御承知のように、四十年の十二月十四日の建設委員会、明くる年の四十一年に古都法が成立いたしました。この古都法の中で、すでに最初から「歴史的風土」「古都」という言葉であるとか、そういう風土、古都というような概念がそこに生まれてきたわけでありますが、これはたとえば風土とは文化財の周辺の土地の状況を言うとか、自然環境と一致しているとか、あるいは「国土愛の高揚に資」して「ひろく文化の向上発展に寄与する」という、これはその古都法の第一条の言葉でありますが、そういうことでありましたが、正確に申しますと、この場合には、非常に草々の間に、荒廃しゆく古都の廃滅を防ぐために急遽立法されましたので、風土であるとか古都であるとかという概念が完全に把握されておらないうちに、この法律は出発したのであります。

当初は自然景観に重心を置きましたが、やがて精神的な景観、それにはたとえば文学的な環境であるとか、あるいは史実には確証はないけれども、しかし、それが人間の精神景観に与えるものとして、第二次的に山の辺の道と明日香あたりが取り上げられてきたのであります。いままで鎌倉、京都、奈良に限られていたものがそこに拡大をいたしまして、やがてはこの精神的景観に人文景観を加えてまいります。そういう状態でこの古都法が成立いたしました。この場合に、一番問題になりますのは、やはり風土という言葉が単なる自然環境だけではなくして、その後ろには風土というものが一つの人間存在の表現であるという、これは古く風土という言葉を最初につくりましたドイツのヘルデルがこうした言葉をすでに残しておりますが、そういう意味のものが当初からありました。

その後、非常に緻密な行政のもとに、この古都法が進歩いたしまして、昭和四十五年の九月十一日の歴風の答申によりまして明日香立法というものが成立いたしました。これは主に土地の買い上げであるとか、あるいは税の減免であるとか、固定資産税の問題とかいうふうな問題が取り上げられまして、そしてちょうど本年で十年の軌跡を踏んでまいりました。この法律のために、周辺から押し寄せてまいりますところの宅地化の波をみごとに食いとめ、破壊への防波堤としてこの条文にあります良好なる維持ということが実現されたと思います。正確に申しますならば、それなら今度の法律は要らないんでありますが、これを私なりに解釈しますと、その上におおむねという言葉をつけないと少しおかしいんですが、条文では「良好」という言葉の中にすでにそれを含めておると思いますが、正確に申しますならば、おおむね良好な状態が本日まで続いてまいりました。

続いて、四十五年に閣議決定が行われまして、村民が長く待望いたしておりましたところの施設などが行われました。しかし、この問題に対しては、その答申に「当面の方策」とあって、言いかえますと、これは明日香の永遠の方策、まあ永遠というよりも恒久の対策ではあり得なかったということをすでに断っております。まさに今回の特別立法はその要望にこたえたものだと思います。

爾後、四十六年に予算化されまして、百億に近い金を費やされまして、さまざまの施設がそこに実現し、明日香保存は歩み出しまして、その間着々と成果を上げてまいりました。しかし、その過程の中で、住民生活というものがまるぐるみこの中にあるという、いわゆる歴史的風土の核に、その中に七千の人たちの運命と、その人生と、そしてその生活があったということは、これは当初からわかっていたことではありますが、しかし、多少その後の政策は住民生活と違ったところで費やされました。決してこれはむだではなかったので、将来の明日香保存への一つの布石をしいたということは高く評価されていいと思います。しかし、次第にこの重心の落とし方が微妙に揺れ動きまして、この住民の生活というものが次第次第に悪意なくして積み残された点はたくさんございました。

そのときの文章を読みますと「地域住民の生活と調和を図り」という、四十五年にはその住民生活との調和という言葉がありましたが、今回のこの特別法においての「理解と協力」という言葉は、単に文字の問題でなくして、一つの大きな進歩を意味したものだと考えていいと思います。

で、そのために住民を保存の中に取り入れる、デザイン化するのではなくて、やはり住民生活というものを考えていかなければならない、四十五年の時の村長は、日本人の心のふるさととして恥じない文化村と十年後にしたいということを村会で話しております。また、明日香村に生活を営むということは、われわれにとっても心の幸せにつながると村民にあいさつをされております。確かに明日香の村民がかつてこの明日香を大事にしたのは、昭和八年、末永先生を中心にいたしました石舞台の発掘調査の以後、明日香の村民の人たちは、この地下に埋もれている歴史のなぞというものを本能的に守らなければならないという、腹の底から彼らはそれを思っておりました。それは単なる欲でもなければ義務でもない、むしろ本能的な、素朴な村の心として本日までこれが守られてきたのであります。

しかし、次第に重なっていくところの規制の重みというものは、彼らの生活に物理的、心理的なさまざまな障害をもたらすようになりました。これはやがては一部の村民に生活意欲を喪失させ、あるいは愛郷の心を失わせ、かつては自分たちの心の寄る辺であった地下埋蔵物を歴史の奇妙な遺失物であるとさえ感ずる村民が出てまいりました。やがて村民はこの歴史の保存の中で、このままでいくならばミイラ化され、歴史の喪章となり、歴史の仮装行列の一員に化するような危険さえ生まれてまいりました。それを示すがごとくに、いまから九年前の新聞社の世論調査によりますと、急激に関心が薄れて、生活優先派が村民の七割を占めるという報道が出てまいりました。そして国の政策が明日香に役立つかというのに対して、初めは重大な期待を持っていた中から、三〇%が役立たないという、この村民感情の変化というものが見えました。かつての村長でありました脇本村長は、明日香の人は腹の底から明日香を守りたいと思った、その心を変えたのは村民ではなくして、外の人なんだ、村民に金を見せてくれるな、金を見せるから村民はこういうことになるんだという言葉をそのときに申しましたが、この言葉は現在の明日香村にはそのまま通用しないほど、そのいわゆる受忍の限りをつくす、いわば規制の網の中に村民がまいりました。当然、この明日香保存の透視図の中には、住民の安定向上、生活の基盤、そして明日香をトータルイメージとして守り、そのためには農業を重んじなければならないという、そういうことはあったのでありますが、ちょっと外からみますと、その十年の間には、外部から来る人たちの施設であるとか、あるいは観光のためであるとかというような、このままにしていくならば明日香村は間違った観光のえじきになる可能性が生まれてまいりました。

しかし、特別立法をしなければならないという要望は、保存は住民が利権の制限を受けているのであるからその代償措置として特別立法をしなければならないということは、すでに四十五年四月二十五日の毎日新聞の社説にも出てまいりました。佐藤総理はここをかつて訪ねられましたときにその所見を発表されまして、特別立法とあわせて予算措置をしたいと。また、文化財保護委員会は、四十五年八月十日に、基本的な保存は現行法では処置できないということを言っております。そうして四十九年には、村民協議会の中で、村民参加の特別立法をしなければならないので、閣議決定は当面の施策ではあるけれども、明日香の将来を託するべき法律ではないという言葉が語られております。このようにまいりますと、この特別立法は当然明日香村がたどりました十年間の経過の中で宿命的に本日どうしても考えなければいけない十年の苦闘の歴史であります。そのために、今度の特別立法の基本的な特色は、住民生活のための基金、あるいは特別の助成、あるいは生活環境及び産業基盤に対しますところの税の減免を含むところの予算措置が講ぜられた。これは十年間置き忘れてきた問題をいま改めてこの問題の中に取り入れたのであります。

それともう一つは、明日香を保存するならば、その全域保存をしなければならない。つまり全域にわたって第一種と第二種に分けまして保存計画を立てていくという、そういうものが特別立法の内容となりました。

それでは、横並びにあります鎌倉、京都、奈良とこの明日香との違いで、なぜ明日香に特別立法をしなければならないか。それは住民生活がまるぐるみの全地域を持っているということ。都市計画との調和がきわめて保存の間にはむずかしいということ。都会の鎌倉や京都では住環境をよくするという目標と歴史的風土を保存するという目標が比較的一致しやすいんですが、これは村であるというために、その住むところは単に住むところだけではなくして、同時に生活の基盤であるということ。三番目には重複されたさまざまな規制がかぶせられて、凍結地区が全体の中で非常に大きな面積を占めているということ。そしてその上に先ほど御説明のありました密集した埋蔵文化財を持っているということ。それから中核となるところの有史的文化財、たとえば法隆寺とか東大寺とか、そういうはっきりした文化の核を持っていないきわめて平凡な農村景観であるということ。しかも、現在においては農業を主体とし、村財政は貧困であり、村民と行政の処理能力というものは、都市の市民においては比較的自分たちの手で解決できる問題すら解決できないような、処理能力の非常に困難な立場に立ち至っているということ。

そういう点を考えますと、やはり私は明日香というものの特別立法の根本にあります、村の人にも国民にも行政にも腹の底から納得できるところの明日香保存の目的といいますか、論理といいますか、哲学といいますか、あるいはこれらの共同連帯性の持っておりますところのものとして考えなければならない。したがって明日香保存の目的は単細胞的なものではなくして、非常にさまざまな契機が複合し、複眼的な構造を持っていると考えたいと思います。

で、明日香を考えるためには、その中に住んでいる七千の住民と、われわれのように外から考えている人間は私は分けて考えることが必要だと思います。

外から見た明日香というのは、これはあくまでも精神的な一つの契機を持ち、われわれが歴史的風土の景観、いわゆる古都というものを通して、そこには現在の明日香の人々の生活を通して、そうしてそこに歴史の追体験の中に未来への創造的エネルギーを持ち、古代への回帰をそこに持つということ。しかも、地下埋蔵文化財の持っておるものの中からさまざまなイマジネーションを描き、歴史への変革の資料を得、現代における機械文明と映像のはんらんに対して人間回復の場として、戦後の日本の持っておる民族のバックボーンとしての精神文化的な人間の創造を行うということが私は一つのものであり、また、政治経済的な契機としては、高密度経済成長の中で物質文化のひずみを、あるときにはエコノミックアニマルなどと言われている人たちに対して日本人が生活の真の意味を求め、そうして企業中心の政治から人間中心の政治に向かって、開発重点の過程の中で自然保護を展開し、その中では、たとえば土地の私有権の制限、公共性の土地の問題、国土計画、土地の利用計画、都市問題、宅地問題、農業問題、結論としまして土地の問題に落ちつくと思います。三番目に、文化政策の契機としては、文化遺産を再認識してその活用をし、保存し、従来の物見遊山的な観光に対して新たな意味を加えた心の憩いの場として明日香を考えるというようなことが外から見た明日香であります。

それに対して、内なる明日香というのは、あくまでも現在住んでおる明日香の人たちがそこに生気あふれる生活形態を創造して、そしてその中に安らかに自分たちの人生の創造の喜びを感じ、規制の網に張りめぐらされながら、その歴史的風土の環境を逆用して、その中にみずから新たなるいま一つの生活像を築き、住民とそして行政の処理能力を高め確立し、その住民たちの意思や意向は、たとえば生活においても住宅像においても、その意匠、形態においても、この住民の意思をプログラム全体に実現するという、そういう一種の立村の軸と申しますか、つまり明日香の村民の希望はさまざまで多様化しておりますが、将来像としては農業立村ということを現在あげられております。土地の非農業部門への利用価値による地価の上昇の期待に対し、農業による土地の収益性と農業の粗収入が宅地化より高能率報酬のあるところのものであるという、そういう農業政策が中心であります。しかし、その農業が将来日本の転移の中でどういう形をとるか、あるいは農村がどんな運命をたどるかという、五年後十年後の先を考えてみなければならないと思います。

要するに、明日香というものは、現在、何が残っているかというと、われわれの「袖吹きかへす」古代の風という万葉集の言葉をそのまま引用いたしますと、そこに現在あるものは、古代から現在まで変わらず吹いているところの風であります。それから土であります。それからそこに訪れる者にも住む者にも人間の営んでいる人生がある。この風と土と人生が明日香の私は本質であると思います。このような文化財を持つところの村を他に求めることはできないと思います。

しかし、純粋に凍結保存するならば、それは村の解体につながるし、そうかといって多様化し、また変遷絶え間ない将来に向かって村人の欲望だけを満足させるならば保存は不可能になります。とするならば、住民生活の重視ということは、当然、この法律の予算措置において解決せられるのでありますが、しかし、それじゃ住民生活を重視するためにその過程の中で保存は何のためにするかということをもし失うならば、それは心情欠落のものとなってくると思います。あるいはこの立法はダム補償と同じような権利とか恩恵とかいうふうなものになると思います。しかし、私が特に申し上げたいのは、この特別立法は単なる魔法の棒でもなければ、一切の保存を解決するところのものではなくして、むしろ手だてであり、一つの突っ張りであって、この財政援助によって特別立法は単なる明日香保存の後始末をするのではなく、これからも、今日まで経てきましたところのさまざまな重荷が村民にとってもまたこれを行政する面にとっても新たなる課題としてわれわれの前に与えられているということを考えなければならないと思います。

したがって、特別立法は、その法律の運用においてさまざまな問題を持っております。たとえば規制と整備助成との交換をどうしてバランスをとるか。「生活の安定」と言われている生活の実態とは、ここに言う「住民の生活」とは、一体、何を意味しているのか。また「住民の利便」という言葉がありますが、村民の利便というものとこうした特殊な地帯の保存とはどういう関係を持っているのか。また「生活環境」とは何か。こうした地帯における「産業基盤」というものはどうした特色を持っているのか。その上において「風土の保存」とは何を持っているのか。また、この法律が実施される以前に、十年歩んできた傷だらけの明日香の歴史の中における、すでに現在荒廃の道をたどりつつある、一部にあるその修景、あるいは格差における村民のいわば苦情、これをどのように処理していくかということになりますと、あるいは無神経な保存のために、その保存がときには破壊につながる場合もあったということをわれわれは考えなければならないとするならば、私は、この法律は、その明文の上においては明確な一つの理念を持ち、方法を持っていながら、この運用に当たっては今後の課題が大きな問題になると思います。

いずれにしましても、私は、村民がこの法律に対して、十年間、その運命として期待をしておりましたその七千の明日香人のためにも、また多くの国民がここにしばしの心の安らぎを求め、いわば励ましの心の翼をここに得て飛ぼうとする国民に対して、私からお願い申し上げたいんですが、一つの法律が成立するためにはきわめて厳正な審議と、各党のさまざまの角度からのさまざまな意見が出て、その上において一つの立法が生まれ出ることは私も承知しておりますが、この立法はきわめて特殊な立法とお考えいただいて、どうぞ励ましの立法として、悩める村民のためにも、またこれを待望する国民のためにも、そして昭和が後世に残す最大の遺産として、これを長い目で、いわゆる近視眼的な、短距離的な、あるいは微視的なところももちろん必要でありますが、巨視的な目で、われわれが今日、五百年後、千年後の日本に、たとえば正倉院や源氏物語やあるいは芭蕉や浮世絵や墨絵が現代の日本人に心の糧として生きたように、これは景観の正倉院、景観の限りない文化財の一つとして、しかもその中には村民の生活が含まれているというこの村を後世に残すことは、私は昭和の一つの最大の遺産だと考えますので、私からも、村民にかわりまして、また日本の明日香を愛する人たちにかわりまして、さまざまの御意見を各党各派でお考えと思いますが、一致の上でひとつお願いしたいと思います。

最後に、私は、川端康成が自殺直前にこの明日香を訪ねましたときに言いました最後の言葉を私自身もかみしめておりますので、それを一言申し上げておきたいと思います。――文化の保存は創造性なくしてはあり得ない。

大変失礼いたしました。

（略）

――（整備計画の項目でどういう点が大事だと考えているかを問われて）

○参考人（寺尾勇君）

お答え申し上げます。

私は、やはり整備計画を進めます場合に当たりまして、この法案の第四条のところに主として並んでおりますが、これは各省の慣習に従いまして並んでおりますが、一番重要な問題はこの十一から逆に重要性を持っているのではないかと思います。道路とか河川とか下水道とか都市公園とか教育施設とか厚生とか消防とかということは、これは風土に見合ったものということですが、やはり住宅の整備に関する問題、それから農地並びに農業用施設及び林業用施設の整備、それから文化財の保護及び明日香村における生活環境及び産業基盤の整備、それを総花的ではなくして、非常に重点的に、しかも有機的に考えていかなければならない。限られた予算でありますので、よほどこれは長期計画に基づきまして段階的にしていかなければならない。

しかし、それらの中で一番大事なのはやはり村民の意向をどういう形で吸い上げ、それを組織化していくか、また村民のこの保全に対するプログラムをこの整備計画の中にそのような形で取り入れるか、必ずしも現在行われている住民参加というような一般的な形式とはまた別個の立場において、私はこれは可能ではないかと思うんです。

もちろん、この法令施行以前及びそれまでの十年の間に、先ほど申しましたように、村内には、かつて非常に仲のいい村でありましたが、買い上げの土地が数年前に買った土地といま買った土地との格差が起きたために、格差から生まれてくる村内のさまざまな問題が村行政の悩みの種でありますので、これは前に風土審の堀木会長が提案されましたように、苦情処理委員会というようなものを設けまして、そして村民にそういう不満を持たせない、本当に腹の底から計画に対して協力できるような方途をしなければならないと思います。

この計画の中核を占めるものは、先ほど末永先生のおっしゃいましたように、地下埋蔵物及び地下埋蔵物の上につくられております自然景観及び歴史的な景観、精神景観というものを維持するということが、しかもこの中心に向かって集中しなければならないと思いますが、しかし、その景観の基準は何かといいますと、現在の明日香村は必ずしもかつての古代における飛鳥の状況とは全然違っております。大昔の飛鳥は大森林であったし、また仏寺も建設された時代もありますが、現在形成しておる明日香の状態は、いつの時代を基準とし、何を基準としてその計画を立てていくかということも必要だと思います。

したがって、風土の丘とかふるさと村だとか、あるいは自然保護の立場におけるところの設営とは根本的に異なっているものを中に含んでおると思います。その中で一番大きな問題は、今度の基金の一つの使い道の重要な要素をしておりますところの住宅及び集落の形態、色彩、意匠でありまして、これをどのように形にするかということについてはよほど考えなければならないし、いわゆる農業立村を中核にしておりますが、しかし、純農はこれから五十年、百年後に明日香村で後継者がそれをどういうふうな形で受け継いでいくかということを考えますと、これが純農村でなくなった、農業が完全に成功すればそれにこしたことはないんですが、農業というものが次第に明日香の中から時代の進展とともに影を薄められたときにも依然としてやはり今日の農村風景を維持するような方途をどういうふうに考えるかと言うこと。

また、観光客というものは、果たしていま一番明日香が望んでいる人が来ているかどうかは疑問なんですが、明日香に憩いを求めるべき人はどういう人でなければならないか、しかも、この観光公害というものに対して村民が非常にある意味においては迷惑をしている。明日香はあくまでも、観光というものは自由であって別に人が来なくてもいいわけなんです。これが残されればいいんであって、観光ではなくして、一つの心の憩いとして本当に求める少数の人が来てくれればいいのであって、これは一つの日本のいわゆる観光地としての、レジャーの設備としてのものではないというふうなことも将来の交通計画や計画の中に考えていかなければならないと思います。

いずれにしましても、村民の生活を重視し、また、ここに訪ねてくる人たちの本当の憩いの場をつくるという、そういう目的のもとにこの整備計画が着々と進められて、村民が真に納得のできるような施設計画をつくり上げるような構造といいますか、機構といいますか、たとえば産業基盤の場合でも非常に不便だと思うんです。新しい商業地帯をつくることも、サービス機関ができることも、また商売をしましても、ネオンを掲げることも、あるいは享楽機関のパチンコ屋などをつくることも明日香の風土としてはふさわしくないとするならば、そういうものをどのように忍んでこの計画の中に協力できるか、これはあくまでも手づくりの計画でなければならないと思います。それを概念的に上からつくった計画を村民に押しつけましても、村民自身は外から押しつけられた計画は納得できない。しかし、村民自身がこれをつくるためには処理能力として村民自身がこれをつくる、たとえば明日香歴史的風土保存の憲章というふうなものを村民自身がつくって、その村民の中からつくられたものをこれを援助していくという、そういう形の計画の取り上げ方というものが大変に今後の問題になると私は考えております。

以上でございます。

(略)

――(規制を行ってまで保存する必要性を問われて)

○参考人(寺尾勇君)

御質問の保存の問題につきまして、これはやはり大きな問題でありまして、私自身も現在悩みつつある問題で、決して解決した問題だとは思っておりません。

かつては開発と保存という言葉が必ず使われまして、この両者が全く相反したごとくに考えられたのでありますが、新しい一つの考え方としては、保存が同時に開発であり、開発が同時に保存であるということが必ずしも不可能ではない、そういう調和をとることが可能ではないだろうか。もしこの知性が欠けるとすると、片一方開発が進めば保存が破壊されるし、保存があれば開発がおくれていくという、そういう二者択一ではなくして、この両方を実現――非常に困難にして、しかもむずかしい問題なんですが、明日香においてはそれがある意味においては可能ではないだろうか。

それから、いまお話しのように、各種の規制があって、なぜその保存の必要があるか、村民も近代的な生活をする権利があるじゃないか、仰せのとおりでありまして、史跡の指定であるとか古都法の規制であるとか、あるいは市街化調整区域のものであるとか、風致地区であるとか、景観保全地区であるとか、第一種地区であるとか、農業振興地区であるとかという数限りないがんじがらめのいわゆる規制がここにかかっております。で、その規制というものに対する一つの考え方なんでありますが、これをもう少し明日香の場合では、こういう法律的な規制という、ただ並列的な区分的な規制ではなくして、この規制というものを逆にいわゆる歴史的文化的空間といいますか、明日香に特に許されているような古代を追想し得るような、そういう地域を確立するために、たとえば森林空間とか学園空間とか、あるいは集落空間とか緑地空間とか農地空間とか、あるいは凍結空間とかというふうな、これを立体的に連動させせまして、そして何かそういう新しい工夫によって、この規制というものを、ただ村民の意欲を鈍らし、保存に対する熱意を薄らぐ形でない形に、つまりわれわれが今日、先ほどお話しのように、都会におりまして求められないところのさんさんと輝く日光、そして輝く緑、そしてそこには静かな古代を追想し得るところの景観というふうなものをその中核にした一つの理想ができるのではないだろうかというふうに考えます。

しかし、当然、ある住民は赤い屋根をつけブロックのへいをつくり、サッシの窓をつくるのが何が悪いかと、自分はそのために一生暮らしてきたんだから、それが許されないぐらいだったら死んだ方がましだと、明日香の村民だって言うかもわかりません。当然のことだと思いますが、しかし、果たしていま申しましたようなことがわれわれの住宅の理想像なんだろうか。考えてみると、それはなるほど便利であり強くあり重宝であるけれども、われわれの持っている日本人の住まいというものの本質というものは、だからといって舞台の上につくるような、つまり芝居の小屋のような一列並びの、必ずしも、だから妻籠のようなそういう理想をこの明日香に私はしようと思わない。やはりその中で人間が本当に生き生きと幸福に暮らし得るような、そういう文化的な生活、あるいは農業の場合でも、ビニール問題が絶えず浮かんでまいりますが、私はあのビニールがある一定のところにあったから明日香の景観が全部つぶれるとは思いませんし、そういうセンチメンタルな感傷的な、いわゆる静御前の繰り言みたいな景観ではなくして、もっと本質的な人間の心がやすらぐような、もっと有機的な景観をわれわれは工夫することができると思います。

先ほどお話しのように、私は宿命として明日香は負の存在であって、これは必ずしも今日のように欲望をいわゆる主義として何もかも自分の欲望を満たしていくのではなくして、そこにはマイナスの世界があり、負の世界がある、しかし、その負の世界の運命を自分の中に背負うことによって、ほかの地域においては与えられない、あるひそやかな幸福な人生がここにあり得るのではないだろうかと、私は絶えずそう考えておりますし、明日香の人々はやがてはそういう自主能力を自分の中につくると思います。

で、私は、先ほど申しましたように、明日香を考える場合に、七千の住民の立場を内なる明日香から見るならば、われわれは明日香の住民ではございませんので外なる明日香の人間でございますので、内なる明日香の人は保存というものを重視し、外なる明日香の人は常に明日香の人たちに対して生活の重視ということを考えるという、そういういわゆる複眼的な考えを持たなければならないと思うんです。そういう形で、なるほど負の存在であるというその宿命を自覚することによって、かえってそれを跳躍板といたしまして、それをいわゆる逆手にとりまして、われわれの考えられないような新しい生活像、それはたとえば具体的に申しますならば、職業像、住宅像、あるいはその自分たちの持っているところのいわゆる人間像というふうなものが家族生活の中にも住まいの中にもつくられる日が必ずあるということを、この法律の実現によって私は期待しております。

最後に、何か私に提言をというお話でございましたが、私は、ただ明日香がこの法律によって保護されるのではなくして、いつの日にか明日香の人々がいわゆる新飛鳥人として自主独立の精神によって自分たちの生活を築くような、そういう励ましの法律としてこの問題が実現することを私は深く期待しております。

なお、この法律の精神は、日本の数ある他の古都、たとえば京都、鎌倉、あるいは指定されていない都市に対しても、今日そのさまざまな問題を持っておりますので、この法律の制定が同時に他のそういう地区に対しても大きな励ましの法律となり、また、新しい日本の風土と歴史を守るためのよい意味におけるモデルケースであり、そのヒントとなるということを私はひそかに心の中に期待しているということを申し上げて、提言とは申し上げられないんですが、私はそういう期待と希望を持って、明日香という言葉が「あすにおう」と書いてありますので、私は大変に子供っぽい考えですが、あしたにおう、将来の日本ににおいを放つところの、そういう一つの、これがわれわれの営みの一つとしてこの法律が国民の祝福と村民の期待とそしてわれわれの大きな希望によって着々と実現されることを、行政当局にも、また皆さんにもお願いしたいと思います。以上です。

（略）

○参考人（寺尾勇君）

私にお尋ねになりました項目は、村民の意思をどういうふうに吸収し反映する手続きにあるかというふうに私は解釈をいたしました。その点に限って御返事を申し上げたいと思います。

明日香保存が住民にとって重荷になってきたという事実については、これは七千の村民全部ひとしく一致している意見なんです。かぶせられた規制の重さが次第にかかってまいります。じゃ、その重さは具体的にどこに来るかというと、もちろん物理的なものもあれば心理的なものもあります、生活の利便の問題もありますが、根本の問題はやっぱり私権と所有権が制限されるということに対する一つの問題だと思うんです。しかし、明日香が普通のようにいわゆる私権とか所有権とかというものをもし持ちますと、これは全然明日香の保存というものはできません。逆に私権の乱用を仮にするといたしますと、自分たちの住民生活の中で、おれも一人の国民であって、明日香というのは、自分は明日香にたまたま住んでいるだけで人間としての権利は同じじゃないかと、こういう形になりますと、私権を乱用いたしますと、そのことによって行われる開発は、かえって現在の明日香にとってはその生活基盤をすら破壊するという、いわゆる反射作用を起こすことは必然であります。ここまで明日香が参りまして、いまさら明日香が大阪市の郊外の衛星都市の一つになるなんてことは絶対できるはずはないんです。するとすれば、この歩んだ十年のその問題を自分たちが歩んでこなければならないのではないか。

そういう点で、明日香の村民に会って話をしてみますと、百人百様でありましてその人々によって意見はさまざまであります。この多様性と将来起きてくるであろうところの変化に対する不安、こういうものはぬぐい切れないものがあるのでありますが、この特別立法の実施を機会にいたしまして、明日香の村民たちが自分たちの意向を十分話し合って、そうしていままではそのために行政当局の意思と村民の間にもなかなかむずかしい問題があって村長はずいぶん苦労したと思います。あるいは県との間にありましても、やはり多少その間においては善意における見解の相違があったと思いまず。しかし、あくまでも地域は住民のものというその原則に立ちますならば、やっぱりお互いに話し合っていく、その話し合ってきた村民の百人百様と申します実に多様なその意見をどういう形で吸収し、まとめて、この計画に盛っていくかと考えてみますと、明日香問題が発生して十年たっているのに、いまさら改めていまごろになって計画という言葉が出てくるのはいささか不思議といえば不思議なんでであります。じゃ十年間何をしていたのかということにもなりますが、しかし、これは実はこれからあるための長い長い実に長過ぎた準備期間であったわけであります。

これから予算がつきまして計画を立て、その予算も一時にはいただけませんので、順次、その予算に応じまして、その基金の利子でいたしますから、使える金というのは当初の予算などはごくわずかであります。そういうわずかに限られた金額でもって明日香のいわゆる恒久計画を着々と住民の意思を吸収してやっていくということはもう非常に困難なことでありますが、この法令の全体の趣旨は国から県へ、そして村へという方向でほぼ決まっております。もちろん、これに対して住民から村へ、村から県へ、県から国へという、その逆方向も当然考えられなければならない。この二つの相乗作用によりまして上からはよき知恵を明日香にかし、また経済的な援助を与え、下からは明日香村民の意向を十分くみ上げて、そしてその問題を解決していくような糸口を今後つくらない限りは、ただ金は与えられるが、その計画の実現についてはその目の前のさしあたりの問題だけを解決して、ついに永久計画は立たないので、また五年後、十年後にもう一遍新明日香特別立法をお願いしなければならぬというようなことになりますと、全然意味を失いますので、やはりこの点においては村民にとっても行政当局にとってもまた国会の諸先生方におかれましても、長い目と慈しみの目をもってこの法律の運用について今後いろいろと御配慮をいただかなければならないと思います。

そういう点で、その通路、いま御質問になりましたいわゆるパイプの道をどのように築くかということは、やはり最もわれわれが知能を傾けて考えなければならない問題で、これが失敗いたしますと、断片的、個別的、単発的な保全というばらばらの保存に終わって、せっかくこの法律の一番特色になっております全域保存と言われている精神を失い、ひいてはその保存が保存でなくなるという、そういうこれから困難な仕事に立ち向かうことを私は考えなければならないと思います。以上でございます。

（略）

――（住民を遺跡の中に取り込んだ文化的景観の保存は無理でないのか。それは農村のたたずまいの問題で全国各地に共通する。なのになぜ明日香にだけ求めるのかという問いに対して）

○参考人（寺尾勇君）

ただいまお尋ねいただきました平城京からまず始まりまして、確かに平城京、あれはやはり開発によって生まれた一つの破壊への招待状というもの。私はこう考えております、開発というのはそれ自身の中へ破壊への招待状を含んでいる。そして、やがてそれが破壊されて、捨てられて、廃墟と化して後に残されて、思わない役立つ場合がある。たとえば平城京は、現在、末永先生のお言葉をまつまでもなく、地下の正倉院と言われまして、日本の文化史に大きな貢献をしております、さまざまなものが発掘され、調査され、なお数年間の問題を残しております。もしあの空間が今日に残されなかったら、奈良市街のあそこに発達いたしまして、あんな巨大な空間が、いまは近鉄電車が横断しておりますが、残されることはないと思います。ああいう空間が歴史のいわば落とし物として現在の文明に与える価値体系というものをどのように考えるかということが、お尋ねいただきました、そんなにまでして景観をなぜ保存しなければならないかと。

その景観というものの場合に、特に人間の生活をその中に内包し、くるみ込んでいるような、そういう景観、平城京のように全域を買い上げてやるならばまだ意味はわかるけれども、困難に近いことだし、それは全然できないことではないだろうとかおっしゃることは、もうお言葉どおりの問題で、それは実に困難な問題でありまして、それは明日香の人たちを全部金を出してあそこから追い出して、それを残して平城京のようにすれば問題は何も残らないわけであります。しかし、あえてこの立法ができましたのは、そこに住んでいる住民、先ほどのお会いになりました何十何代と言われている、恐らく飛鳥坐神社の宮司だと思いますが、これは実に古い系統でして、考えてみますと、あそこに住んでいる人たちは馬子の系統もあれば、聖徳太子の系統もあれば、采女の系統もあれば、豪族の系統もあれば、また帝王の血を引いている者もあると思います。

御承知のように、飛鳥はまことに日本歴史の中においては権力と権力、血と血をもって争いました、最も日本民族のたくましいエネルギーの暴発した時代でありまして、外来文化の伝来、そして仏教の伝来した中における激しい闘争、そしてある者は焼かれ、ある者は殺され、まことに殺戮と血に染められた歴史の中に新しい日本国家の誕生を告げる苦闘の地でありまして、それがいまとしては廃墟と化して本日ここに伝わってまいりました。それらの人の子孫が、ここにいまなお、その生活の根拠を持っております。

私は、お言葉でありますが、ただいま御質問いただきました、そういう長い伝統の中に住んでいた人間を全部追い出して、ナチスドイツがフランスを占拠したように、全部いわゆるクリーニングしてしまったその空間だけを保存するのがいいのか、困難ではあるけれども、その土地に住まいを求め、それらの人がおのおのの長い歴史のある伝統的な人生をそこに行う、そういう地域を残すのがいいかということになりますと、私は、日本に一カ所ぐらい、そういうところがあってもいいのではないかと寛大なお許しをいただきたいという思いに迫られるのでありまして、こういうものが日本全国に広がりましたら、それこそ大変であります。たとえば東京を救うのなら、東京の人間を全部追い出してしまえばそれでいいわけなんですが、なかなかそうはいきませんので、やっぱりそういう地域が日本にたった一つ、村ということで法律、条例になりましたのは北海道とこの明日香村二つなんだそうです、日本の歴史の中で、非常に希少価値と申しますか。

しかし、さりながら、私もあなたと同じようにときどき考えます、何を好んでこんなに明日香を残さなきゃいかぬのだろうかと。唐招提寺長老森本孝順師は私の友人でありますが、ときどき突拍子もない意見を出しまして、あの甘樫丘に立って、寺尾君、あの上からブルドーザー三百台でこの明日香を全部踏みつぶしてしまったらさっぱりするだろうな、こう言うたのですが、これは一つの冗談であるのか、あるいは何なのかわかりませんが、そんな気持ちさえいたします。なぜあの明日香をそんなにまでして保存しなけりゃならないのか、その保存というものが現代の文明世界におけるわれわれの生活体系のなかにどんな価値と意味を持っているのかということを問いますと、そんなにまで、こんな法律を制定し、資金の援助を与え、苦労し、十年にわたってこの問題をわれわれはしなければならない理由というものは見つからないのでありますが、私はやはりこれがもし、おっしゃるように、単なる日本のどこかにある田園風景、農村風景ならおっしゃるとおりだと思うのです。明日香以上にもっと素朴な、水が流れ、そして水車がめぐり、そしてまだ田舎の昔のいわゆる木の橋があり、わら屋根の家があり、そこに素朴な生活をし、そしてわれわれの食糧にはとても入らないようなものを食べている田園は日本列島の至るところにもう掃いて捨てるほどまだたくさんございます。開発されたとはいえ、たくさんございます。そういうものと同じものであるならば、私は直ちに明日香はこの際それこそブルドーザーで消してしまってもいいと思うのです。

けれども、私はやはり明日香がどうしても捨てられない理由は、その中に歴史があり、われわれが一歩進むためには二歩振り返っていかなければならない、そういうわれわれが絶えず過去に対して振り返りながら前進していくところのもの、そしてそこにはたとえば万葉集であるとか、あるいは過去の歴史に流れているさまざまな古代への連想というものがあり、しかも、それを裏づけるためには、地下埋蔵物がきわめて予期しない形において、未来の可能性として、いつどこにどんな形であらわれてくるかという期待に満ちた、まことに希代な土地であります。

これは先ほども末永先生にお伺いしたのですが、どこから何が出てくるかはわからない。先に地図を開いて、そして遺跡の確認をして、ここところにこんなものが出るのだという、考古学者がこれだけ進歩していたらそれぐらいのものは出てくるのじゃありませんかと言ったら、末永先生は大変不愉快な顔をされまして、そういうことはできないのだと。それからまた、何も現代掘ったから全部掘り出して、それを私の生きている間に調査してしまう必要もないのだ、やっぱりこれは後世の人たちにも残しておきたい。そういうミステリーといいますか神秘といいますか、不思議さに包まれた一つの歴史を回想するところの機会が残されてもいいのじゃないかと。

御承知だと思いますが、あの「よど号」を占領しました赤軍の学生においてすら、航空機の中で何を読んでいたかといったら、万葉集を読んでいた。あの赤軍の兵士においてすら万葉集を読んだということは、日本人がいかに、そういう人間であったにしても懐古の情を持っていたかということをわれわれは知ると、やはりこの土地は民族のイマジネーション――戦後、日本の民族と学校教育の最大の欠点は何かというと、模倣の才能は発達いたしましたが、物を創造する、つまりさまざまなイマジネーションの中から生まれてくるところの人間の喜びを知るということが大変少なくなって、情報といわゆる映像のはんらんのために人間の頭脳が抑圧されております。

そういうときに、われわれは、何の用もなくむなしい空間のごとくに見える平凡な、ただそこには風と土と山河があるだけの、小さな汚い川と、そしてただ山河があるところの明日香に、何することもなく一日あそこをお歩きになりますと、さまざまな思いがわれわれの思いの中に迫り、またわれわれの生きてきた道を考え、過去を思い、またわれわれの来るべきこの国の未来を思い、また自分自身の人生の将来を思うという、わずか二千ヘクタールにすぎないその土地を日本の土地に一つくらいは残していただきたい。そういう意味において、私は、この景観はやっぱり残していただきたいのではないかと。

つまり、何にもない、たとえばそれは華厳の滝だとかあるいは温泉であるとか、あるいは火山であるとか気象であるとか、あるいは日本アルプスであるとか、そういうれっきとしたいわゆるケルンのある、核のある風景ではございません。ましてや文化財においても、地下に埋蔵しているだけであって、地上には半分壊れて、痛みだらけの飛鳥大仏と石舞台と若干の石造物が残されているだけで、他はどこにもない、平凡なところであります。現に、あそこに住んでいた女帝たちにおいてすら、あの飛鳥に住むことを喜びとしなかった。だから吉野に行幸されている、あるいは大津に都を移されている。それは、あの狭苦しい、ネコの額みたいなところが必ずしもこの人たちにとって安住の地ではなかったと思うんです。しかし、現代のわれわれにとっては、都市が開発し、恐らく将来日本人が大阪市からあの周辺が発達したらば、水田を持っている地帯、そしてあの何にもない、一見平凡な山河を持つ明日香という土地があのあたりに残される最後のホリゾントであり地帯だと私は思います。

たとえば小学校の子供を、先ほどもある参事官の方から承ったんですが、将来明日香の農業がもしあれしてくれれば、都会の小学生たちが明日香に来て稲を植え、米を収穫するところのそういう農作業を実習して、そしてこういう時代があり、こういうこともあったんだという意味に使ってでも、明日香というのは日本人にとって最後に残されるべき教育的価値もあるんじゃないかというお話がありましたが、私は、そういうものを含めて、日本人の将来のために、長い今後の千年の歴史のために、ぜひ明日香というものの景観だけはひとつ――おっしゃることは私は十分承知しております。私もあなたと一緒に明日香をブルドーザーで壊したいです。しかし、この土地だけはぜひ残していただきたい。そのことを私は伏してお願いいたしたい。

（第九一回参議院建設委員会会議録第一〇号、一九八〇年四月二十二日）

第六章

古代の青に遊ぶ

——飛鳥歴史散歩

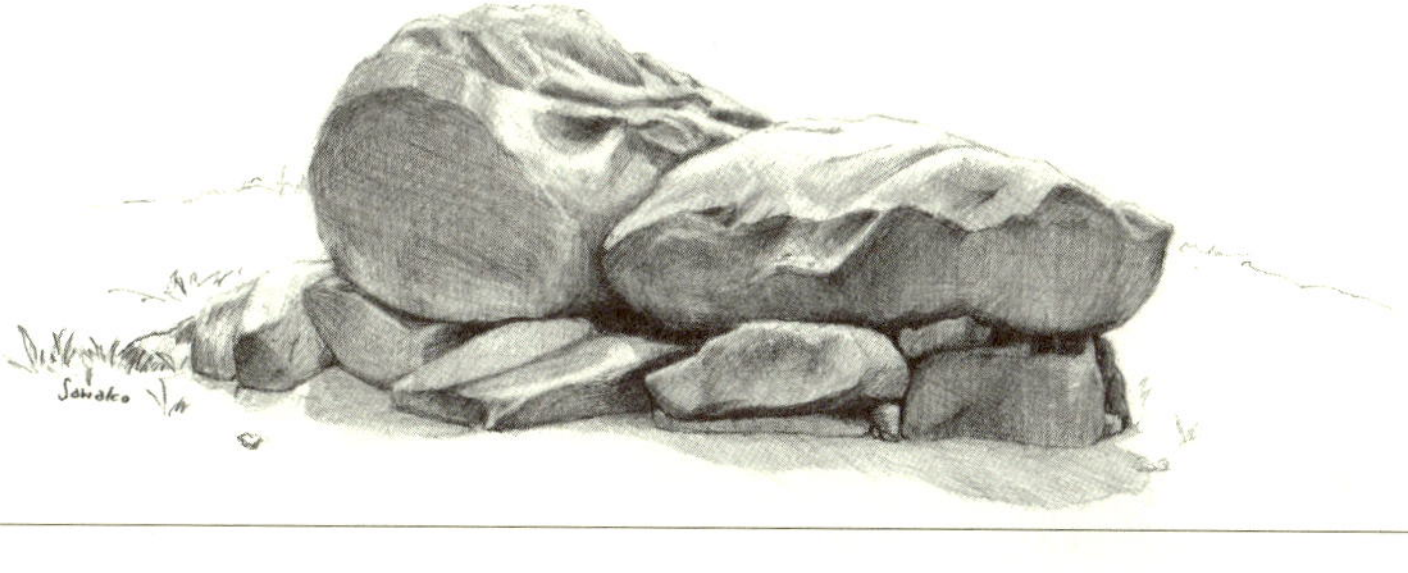

【解説】

この章は『飛鳥歴史散歩』（創元社刊）の「はじめに」「第二十章　古京飛鳥はほろびるか」からの転載である（一部の漢字を仮名に変更）。一九七二年二月初版出版直後の同年三月に、明日香村の高松塚古墳から、極彩色壁画が発見されたことから、同年六月にそれに触れる一文を挿入するために改版した。その後も折りに触れて一九七四年六月四版まで何度か手直しししている。寺尾さんが「飛鳥保存」についての思いのたけを、まとめて書いた代表的な著述である。

はじめに──こころあれこそなみたてざらめ

明日香川七瀬《ななせ》のよどに住む鳥もこころあれこそ波《なみ》たてざらめ（巻7─1366）

鳥に寄せたこの万葉集の多感な譬喩《ひゆ》歌は、太古の哀歌と静寂をそのままそっとしておきたいと飛鳥に願う私たちの今日の切実なこころを、千年の歳月をこえて、そのまままいみじくもあらわしたものである。

ここにまぼろしを追い求めれば、「恋うればみやこいや遠ぞきぬ」と、かき消えて平凡な小さな農村になってしまう。あきらめてひとたび見捨てると向こうから近づいて、いつのまにか私の心の奥深くしのびこみ、哀感あふれるまぼろしの古京として住みついてしまう。飛鳥は不思議なところである。その一生を費やしても、つい見果てることのない古代景観である。

その故に、果たして来るかどうか見定め得ない怪しげな未来を夢見るのでなく、今日ここが最後だと思い定める一期《ご》一会《え》に、私の歴史散歩がはじまる。

野心と絶望に心騒いだ古代亡霊の化石。流血と策謀に渦巻く愛憎・勝敗の尽き果てた幽気の立ちこめる虚妄の墓場。そして、これらの化石と墳墓が互いに呼び合う野面を渡るこだまの声。それは、歴史の挽歌でもある。未来永劫変わらぬ飛鳥のイメージは、ここに尽きるのではないであろうか。

死者をよみがえらせたり、呼びさまそうとして扉をたたいて訪れる物見遊山の観光客は、ここではどんな自己陶酔にふけっても、ひとかけらの道化師に過ぎない。よしや、こころしてその歴史を訪れる者にとっても、迷路をさまよう永遠の旅人である。

秋の残照に一切がのめり込みながらさまよっている飛鳥の山河は、しだいに無気味な紫に染められてゆく。そして、やがて灰色に変わる。春から夏には飛鳥の自然は若葉の香りがむせるように、いのちはなやぎながら、みずみずしい新緑の装いに包まれる。このような季節の変化を素知らぬ顔で物怪に取りつかれているような石舞台が、薄墨を流したような夕もやの中で、太古の巨大な空間をわがもの顔に一人占めしている。そのまわりにうろつく野良犬も、ブルドーザーも、鉄筋の建物もそのまま呑み込んで、何事もなかったように素知らぬ顔をする哀愁の世界であろうか。

近ごろ、孝元天皇陵、剣池のほとりの赤い屋根、青い屋根の無残な宅地開発と、飛鳥坐《あすかいます》神社前からのびる街路に残された民家の飛鳥らしい集落を、対照的に振り分ける甘樫丘から眺める鳥瞰が、飛鳥のイメージの決め手のように思い込む人が多い。それだけで飛鳥の保存を語るのは、俗悪限りないことである。

飛鳥の心の姿は、残照にそよぐ飛鳥川の葦、野に立つ一本のすすきの揺らぎの中に見られる。わけても落日の中に見られる飛鳥は、まことに一切を幽暗の世界へと導いてくれる。

私はふと、痛ましい破損と修理を受けて残骸となりつつも、なお古代の面影を懸命に伝えようと焦る飛鳥安居院《あんごいん》（飛鳥寺）丈六金銅釈迦如来の目に、そして、もう原形を失ったはずの口辺に、漂う無気味な怪奇さと、古代の呪いを認めねばならなかった。それは、もはや懐しさによる愛撫と親近の思いからくる、馴れ親しみの甘い心から遥かに遠い恐怖の感覚である。

歴史の遥かに長い推移の中では、時には流血、混乱、策謀が次々と物の怪に取りつかれたように占められた時代もあったが、飛鳥はそれらの一切を自らの歴史の深淵に呑み込んだまま、さりげなく何事もなかったように太古の静寂をたたえている。近ごろ飛鳥保存問題についての百家争鳴の渦の中で、住民の生活までも無理矢理にデザインせずにはおられないこ賢《ざか》しい人々は、いろいろな工夫を凝らして無理に日本の心のふる里の名勝地のひとつとしての意味づけなどをしようとするが、私は、ありのままの清濁を合わせ呑む素顔の飛鳥を、そのまま残したいと願っている。

しかし、飛鳥保存の願いは、所詮ほろびゆく運命に勝ちえないかも知れない。それならばそれでよい。宇宙船から地球を見ても、大気の炭酸ガスは加速度的に増加している。それにはアフリカの密林の伐採やアラスカ周辺の人跡まれな海浜に撒かれたＤＤＴも原因しているという。そのＤＤＴの影響は、海藻類はもちろん、それを含む魚を食べた隼《はやぶさ》の雛をさえ殺しているという。もはや、地球上どこにも逃げ場はないのである。飛鳥もまた、その例外ではない。飛鳥はいまや心の風景の断崖に立っている。

せめて今日一日だけでも、歩けばカツカツと音《おと》のする飛鳥をひたすらにいとおしみ、惜しみたい。この一期一会が私の飛鳥ビジョンである。飛鳥は悲しい。恐《こわ》いところである。新たなる硬質の廃虚が始まるところである。

そして高松塚古墳壁画の発見である。これをどう受けとめるかは飛鳥の未来をトする岐路である。

こころあれば、ひそやかにそっと歩くところである。永遠のこころのみやこ飛鳥路は。

しかし、飛鳥の風光は、もはや単に世間なみの流行の観光地ではない。またそこに現に住む人間の生活がぬけおちて色紙のなかに要領よくはめこまれるこぎれいな山野の風景でもない。かつては女帝、豪族、采女《うねめ》、廷臣などの、今日ではその末裔《まつえい》であるここに暮らす本来は素朴な人々の、たくましい欲望に万一にも喰い荒らされ、涙にぬれて地獄の相を帯びた傷だらけの終焉の風景に変り果て、風化してしまったとしても、飛鳥をわが心のなかにいつまでも生きつづける「歴史の風景」として、そのイメージに向かって目を凝らし執着しつづけた記録が、この書物である。

飛鳥で果たして何を見たか。さらに何を見ようとしているのか。わが心に刻みつけられた末期《まつご》の目で捉えた心の心象風景の報告書であり、案内書でもある。

（なお、本書に引用の万葉集の歌は、沢瀉久孝・佐伯梅友共著『新校万葉集』による。）

（『飛鳥歴史散歩』第四版六～一〇ページ）

古京飛鳥はほろびるか―宿命の村明日香が経験した現代史の一ページ

春だというのに、花のたよりもおくれがちな、こころのしんまで凍るような底冷えのする日だった。私は石舞台のあたりを歩いていた。

気の遠くなるような日本のふるさと飛鳥。ここは、かつて五世紀から七世紀にかけて、帰化人の来住、蘇我氏の野心と権力扶植、天皇の宮殿造営、日本最古の寺院建立、万葉人の愛と死の絶唱嗚咽《おえつ》に、かなえの沸くようにたぎりたった舞台である。しかし今はひとにぎりの灰と化してこれらの形見が、あの石、この礎石、そして平凡な山河、焼けただれた仏像として、古代の忘れ物のように、かすかに残されている。この明日香は人口七千にみたない小さな奈良県高市郡にある農村である。

しかし、歩けばカツカツとこのあたりの土は音がする。自然への畏怖《いふ》と呪咀《じゅそ》交霊と鎮魂が今もなお生きつづけて古代の亡霊を呼べば答えるようなあたりである。

顔見知りの村人に会った。その人はいきなり私に声をかけた。「飛鳥、飛鳥とみんなちかごろいわはるが、わてらはこれからどうなるんでっしゃろ」、土の底からひびきわたるようなさびた声だった。不思議な欲望と底なき絶望にあがき悩んだ聖徳太子、蘇我馬子、万葉の宮廷人の、ちとせの古い血を引いたと思われる古代日本がそのまま生き残った飛鳥人独自の素朴な顔のひたいのしわに、かくすことのできない不安と動揺と不信がにじみ出ていた。史跡、古都法とさまざまな私権制限をかぶせられ、あげくは全村買い上げのうわささえちらほらする今日このごろである。史跡はもちろん大事だが、土地に対する不安と愛着からにじみ出る、自らの暮らしのさきゆきへの心づかいである。飛鳥人はかつて安宿《あすか》の文字が物語るように、安らかさになじんできたが、いまはこの村の運命を見定めるべき時に直面してきた。

もともと放火、誅殺、謀反に血ぬられた大化の改新を背景とする古代国家形成のはげしいエネルギーに燃えたかつての時代の遺骸というべき飛鳥は、すでに今日では、その初めの姿を失っているのかもしれない。明日香の最後にゆきつくところは、古代人の最終の堅牢な「死人の家」石舞台に代表された墳墓であろうか。

本当のことをいえば「死に至る病《やまい》」をもちながら死ぬことができないということは、絶望に値する。その場合、せめて死ぬことだけが救いであるからである。非情な開発の前にほろびゆく明日香を、臨終にちかい病めるものにたとえてみよう。生と死のさかいをさまよう一人の絶望的な病人をめぐって、かけらになっても生き残ってほしいという近親の願いから、さまざまの治療法を試みつくしたが、薬石効なく、ついにやつれ果てて死ぬ。このようなみじめな凡夫の死に出あうより、ベートーベンの第三交響楽の主題である悲壮な「英雄の死」を選びとり、ほろびゆくものをこころ静かにほろびさせてやるという考え方もある。

生死をめぐる人々の思いは、さまざまである。日本の心のいのちを宿し、かつて歴史の栄光に生きた明日香は、いま、この「死に至る病」であるかどうかの、ぎりぎりの極限に直面している。現在の飛鳥人と日本民族が飛鳥の喪主と遺族となり、黒い喪章をつけるか、あるいはこれをこばむかという決断の分岐点に立たされている。

ここは、かつては獣《けもの》の道さえ絶えたような所で、太古の静けさだけが深淵のように淀んでいた。人跡を遠く隔てて空々莫々とした限りない自然だけがあった。虚空には、ただ空吹く風だけが唸りをたてていた。しかし、何時とはなしに、しのびやかに人間が住み始めていた。それは、あたかも一つのシミのようなものであった。あちらの丘、こちらの森のほとりで、果てしない漂白の旅路の終りを求め続けてきた帰化人たちであったかもしれない。時の流れとともに豪族、天皇家、庶民が住み始めた。

人が住むところには、たちまちのうちに悲しみや、策謀や、呪《のろい》や、妬《ねたみ》や、怒りが絡《から》み付き始める。人は、自らの心の絶唱を怪奇な仏《ほとけ》としての姿に刻み、または、巨石を削り取って心の形見として残した。飛鳥人は、このような太古の静けさの中で音もたてないでひそかに生き続けてきた。

それであるのに、珍しさだけを求める旅人は、あるいは現代の観光客という奇怪な人々は、御丁寧にこれらの石の一つ一つに名前を与えた。いわく「亀石」「二面石」「酒船石」「猿石」「鬼の厠」「鬼の俎」「石舞台」と、とめどもなく俗名が与えられた。本来、意味もなければ無記なるものであったこれらの古代の形見が、貧しい俗名にその本来の姿を失い始めた。飛鳥の原初の静けさが、ひそやかにも消え始めたのはこの時からである。

しだいにふえてくる客人に、村民は二十五軒の民宿を開いた。古代と現代との交霊が一椀の飯、一汁の味噌汁を通して始められた。一泊一五〇〇円の民宿料では、素朴な飛鳥人にとっても、暮らしの上では一文の足しにもならない事は百も承知であった。それでも彼らは、旅人をねんごろにまごころをこめてもてなそうとした。それは泊り客から広い世の中の話を聞き、いろいろの事を知りたかったからである。この素朴な飛鳥人の気持を、明日香村長を二十三年勤めあげて飛鳥保存の礎を築いた故脇本熊次郎氏は次のように話してくれた。

「古都保存法ができてからですな、村がやかましく言いかけたのは。それまでどこも壊さずにやってきたのはね、私は村の人にこういう風に話をしてきたんです。飛鳥というものは、敷地であるそれ自身が宮跡であり寺跡であると。皆歴史とのつながりがあるやないかと。そうすりゃ、これを壊してはいけない、現状の形で子孫に伝えていきなさいと。当時、家を建てたいと言いにきたのを、私が一心に頼んで未だに畑のままで残っているのがありますよ。今日まで、現在の村民もどうしても飛鳥を残さねばならないという精神だけは皆持っとりますよ。村民はあまり保存保存と口には出しませんがね。これはね、もう村民の腹の底にしみ込んでしもてます。長年教育せられてきましたし、話をしますとね、じきに守りますと手を挙げて意思発表しましたね。村民の意識はそう変っているとは思いませんがね、変えたのは村外の人やと思います。『飛鳥は百億円で買うてしまおやないか。金さえあればどうでもなるんや』ということが誰いうともなしに、新聞にもよう出ましたわな。そうしたら、やっぱり欲が出よりまんね。どこでもそうやと思うけど、飛鳥においてはね、金ということは出さんといて欲しいね。飛鳥はもっと精神的に教育したるところやと、飛鳥の人やから金はいらんという人はないはずや。特にね、一万円札、五千円札は聖徳太子さんいやはんねと。聖徳太子はここで生まれてはる人やさかいね、飛鳥の人にとったらね、聖徳太子を大事にするということは、それだけお札を得たいということになるはずやと。せやけどね、先から金や金やと見せんといてくれと。そういうものを見せられると人間は欲が出て来まんね。欲が……」

この話は、明日香村民の素朴な「心」を土の中から呼び起こしたもので、脇本さんのあの腹わたの中から切々と湧き出てくるような心、私は、これが飛鳥人の本当の姿だと思う。

今日まで、村人はいろいろ外部の人に惑わされ、呼びかけに応じて、実に多様化して、一人一人意見を聞けば実にさまざまなことを言うが、じっくり心の姿を呼び起こせば、皆、今の脇本さんのような声になると私が確信するようになったのはこの時からである。飛鳥を守るのは飛鳥人であり、飛鳥人の心である。あの純朴で無垢な心を失ったならば、仮りにあの景観を守ったとしても意味はないと私は心に思い定めた。

この素朴な飛鳥人にひかれて、昭和八年石舞台の発掘に始まる地下埋蔵物の調査がひそやかに進められた。地下に埋もれた歴史の謎を守るために、飛鳥人は本能的にこの村を守らなければならないと思った。それは義務でもなければ、現代への対決でも、ましてや「欲」でもなかった。自然に、何となく守らねばならないと思った素朴な心である。それを失わせるものがあるとすれば「外部」である。

一方、戦いに敗れた日本民族はその心のよるべを失い、民族への郷愁はやがて古寺巡礼ブームとなって現われた。歴史的追体験を通して、何かを求めようとする動きがあった。これらの中で『万葉集』への回帰は、ロマンへの憧憬であった。そして、激しく移りゆく機械文明への抵抗の中で、人間回復の場としてのイマジネーションの自由を飛鳥に求めようとした。これらの「精神史的契機」が、高度経済成長の歪みの中で喘《あえ》いだエコノミック・アニマルへの反発として、精神的文化的人間創造を奈良盆地の南東のどんづまりにある農山村、人口六千八百、総面積二十四平方キロメートル、歳入二億四千万円の取るに足らぬ一寒村に求めようとした。それは日本の心でもあった。昭和四十五年三月七日に末永雅雄博士を中心として発会した「飛鳥古京を守る会」は、このような要望のためかたちまちにして五千に近い会員を全国から獲得した。しかし、このようなブームが頂点に達した時、静寂の飛鳥の草の揺らぎの中にも「古都」滅亡の兆《きざし》が皮肉にも現われ始めた。飛鳥景観を「財《ざい》」として「物」として重視する危機が現われ始めたからである。

ある日突然に飛鳥保存の問題は日本全国の話題となりブームとなり、一時は飛鳥へ飛鳥へと草木も靡《なび》くような狂想曲が展開された。

何故このように突然変異のように飛鳥保存問題が発生したのだろうか。たしかに、古都飛鳥に見えない滅亡への兆《きざし》が内からも外からももしのびよっていたことは事実である。せまい飛鳥の村境を一歩出れば、そこには逞しい建設産業による宅地開発が燎原に火を放つが如くに燃え始めているからである。特に今まで静かであった孝元天皇陵剣池のほとりは一夜にして丘は潰《つぶ》され、竹藪は消え、赤い屋根、青い屋根とカラフルな色が並び始めた。この危機を察知して『朝日新聞』は、昭和四十五年四月十六日、その紙面三ページ半にわたって「岐路に立つ飛鳥」「保存への提言」「苦悩する飛鳥」とそれぞれ題して社説とともに掲載した。そこには丘をえぐる宅地造成の恐ろしさと、遣繰《やりくり》ももう限度だという村の苦境と、国の貧困行政を摘発した記事に合わせて、すでにひそかに行なわれた住民意識調査を発表した。このことが契機となって、テレビ、ラジオ、新聞、雑誌などのマスコミが飛鳥を現代の問題として各社競って取り上げた。飛鳥に近い橿原通信局には、各社とも精鋭なる記者を派遣して、刻々と移りゆく飛鳥の現状を一刻も早く国民に伝えようと激しい取材戦が始まった。

素朴な村民は、この情報氾濫《はんらん》の凄じさに気を失うほど驚いた。静かにひそやかに暮らしていた村民たちは、全くどう対処してよいか、その手立てさえ見出し得なかった。録音マイクは、野に働く村民、家に住む村人に容赦なく襲いかかって、その声を聞こうとした。ある者は反発し、ある者は擦《す》れ枯らしになり始めた。

このマスコミの呼びかけは、当然観光ブームを呼びおこし、細々とした飛鳥の街路にはたちまちにして大都会なみの交通ラッシュが生まれた。飛鳥坐神社の古い鳥居までが逃げ出して移転する騒ぎである。

このようにして、静寂であった飛鳥はたちまちにして「炎の坩堝《るつぼ》」と化し始めた。しかし、やがてこのようなブームもしだいに冷めて、静かになってゆく時が飛鳥の本来の姿を取り戻す時である。私はこのブームの頂点で、「このように飛鳥に全国的な注目が集まる時こそ、飛鳥の最大の危機である」とも言った。

このような村人の不安とブームの中に、飛鳥をいかに保存すべきかということが、さまざまな人によって提案された。すでに古くは、京都大学西山夘三氏の『古やまと計画』という地味ではあるが、しかし基本的な構想があった。昭和四十六年四月十八日、私はかねて歴史的風土審議委員会において、飛鳥保存の問題に関心を持つ者の一人として、保存への一つの試案を発表した。この試案はあくまでも、今後生まれるであろう良き案への叩き台であることを念願して作製した。その内容を概略すれば、飛鳥地方の特異性は自然景観だけでなく人文景観、埋蔵文化財を含むもので、「青空博物館」としての性格を持つ「国立史跡公園」の中で保存すること、域内の私有地については、所有者の公用制限をする代りに希望買い上げの形で国が買収するか、または補償する。農地は景観の重要な構成要素なので、買い上げ後も旧所有者に耕作させ、耕作権を認める。村内に通じる十三のルートの入口に関所を設けて、入村料を徴収し、収入の一部を村に還元する。

この案はあくまでも村民の自主独立を重んじ、受益者負担の思想をもって飛鳥を保存しようとする案であった。しかし、この案については「関所」という言葉がつまずきの石となり、村民の中からさまざまな反発が生まれた。入村料を取るということは、動物園の猿になることであり、村民が見せ物になることだという激しい抗議が生まれた。公園即動物園、動物園即猿、猿即見せ物というカテゴリーからは一歩も脱却できなかった。私の案をきっかけにして、自民党の案として昭和四十五年五月二十五日「百億円構想」が発表された。一言でいえば、村ぐるみ百億円で買い上げるという案である。

村民は一戸あたり幾らと計算し、すでにカラーテレビまで買った人もあるという噂まで伝えられた。その後、明日香村、奈良県、東大工学部などからもさまざまな案が出され、国では文化庁の案と建設省の案が対立して、縦割り行政の欠陥を示しながら現われてきた。まさに百家争鳴という感じである。ある者はこれらの案を叩くことによって、自らの存在を示そうとした。村民は、数々の飛鳥保存の結構な構想を冷たくよそ者の言葉として受け取ろうとした。しかし、自らの積極的な保存案も生み出し得ないので、村内は分裂の危機に晒《さら》され始めた。飛鳥保存の根本は、住民生活の基底である「土地問題」にあることに私は気づき始めた。

飛鳥保存の構想の中で、共通して村民が反発したのは、住民までがデザイン化されることに対する強い反発である。「どっこい、おれたちは生きているのだ」おれたちでも近代生活を享受する権利がある。おれたちの犠牲で作られる保存には絶対反対、それに加えて、今日までの生煮えで不徹底な無策な文化財行政や、古都法に対する限りない不信感と反発は、やるせない憤りと不満となってつき上げてきた。五月二十四日開かれた第一回の村民大会は、このような村民の不平、不満、怒りの爆発であり、鬱憤《うっぷん》の陳列会であった。しかし、本来素朴な村民はこのことを言ってしまった後に、さてあとに何があるのかと静かに反省した。

その後六月四日、飛鳥川上流の飛鳥村塾で、村民代表による徹夜討論会が催された。真剣に土地問題、観光問題が論ぜられた。明日香村への村民の愛着と景観の保存には異存はないが、私有権と唯一の財産である土地の価格をどうしてくれるか。生活の基盤を第一次産業である農業に求めて果たして成功し得るか、国は強制買上げをするのではないのかという不安など、やや建設的な意見も出された。

「史跡研究会」の或る青年は、大人の意見に黙って耳を傾けていたが、この際、飛鳥の土地を国に貸してはどうかという積極的な案も出た。村民は次から次へ出される構想案に対して、初めは受け答えをしたり、反発したりしていたが、やがて黙して語らなくなって来た。さまざまな困難な問題が、彼ら自身にもわかってきたからであろう。私は、ある時は青年と、ある時は純農の人たちと、ある時は村民代表と、徹夜の討論会をやって、村民の真実の声を聞こうとしたが、そんなことぐらいでは容易に本心を得られなかった。「御上のいうことに、まさか嘘はございますまい」という心が、胸算用や、さまざまの郷土への愛着の中に染み込んだ一つの結論であったかもしれない。村議会の中では、開発派と保存派が戦った。村長はしだいに苦悩の色を濃くし始めた。このような中で、村民は一体おらが村はどうなるのかという不安と動揺を隠し切れなかった。このような動揺に一つの終止符を打ったのが、六月二十八日の総理来村であった。

連日の雨が晴れ上がって、六月二十八日の午後は久しぶりに飛鳥の山野がくっきりと浮かび上がっていた。藤原鎌足がこの地に政権を取って以来、日本の総理大臣の来訪はこれが初めてである。開発と保存の接点で、日本人の心の象徴として突然政治の舞台に押し上げられた小さな村の人たちが、戸惑いながら一行を迎えた。総理はにこやかな笑みを浮かべて、村民の歓迎に応えながら、午後四時四十分、閣僚を引連れ轡《くつわ》を並べて飛鳥川を見下ろす甘樫丘に立った。「このように村を守って下さった村民に対して、私はまず感謝の言葉を送りたい」「経済大国の威信にかけて知恵を貸そう、力を貸そう」と大見栄を切った。このそつのない挨拶で、村民の不安は一瞬拭われたかの如くに見えた。まことにそれは熱気に燃えた四十五分の栄光であった。

私も甘樫丘で総理としばらく飛鳥保存についての意見をかわした。話が大化改新の舞台に触れてくると、佐藤総理はトレードマークの目を一層ぐっと見開いた。私はすかさず総理に「あなたは藤原鎌足に次いで飛鳥の地を踏んだ二番目の宰相ですよ」というと、総理は「ここまで飛鳥を守ってくれた地元の人たちに応えるために早急に手を打つ」と自信たっぷりに答えた。私が、「土の下も空も、住む人間も残すという、あなたは日本でも初めての文化財保存行政のテストケースにのぞまれるわけだ」と強い句調で訴えると「出来ないことはないだろう」と快心の笑いの声をあげた。

この佐藤さんの笑い声が、四百メートル離れた田んぼの畔に立って甘樫丘を見上げている農夫たちの耳にはいっただろうか。出迎えた飛鳥の青年が「総理の来村は歓迎するが、後は手の内見せて貰いまっさ」と複雑な表情を見せていた。この総理の熱意に応えて、財界も財団を組織し、飛鳥を守ろうという声も伝えられた。総理はそつのない発言をして、見事に明日香村の儀礼訪問の意味を果たした。しかし、はたして総理のいうように飛鳥は守れるであろうか。その実現には、前途に多くの難問がありすぎるのである。「予告編だけやけに立派で、実際はつまらなかった映画」に総理の来訪を例えた村人もあった。

問題になるのは、これまでの保存措置が不充分であったということ、未解決の問題があまりに多いということ、長いあいだ重要な遺跡が保護対策もなく放置されて来たということ、それから生まれてくる住民の不満ということ。はたして総理のいうように、予算措置だけで、飛鳥の問題は本当に解決できるであろうか。「金で解決できることなら」という佐藤発言にもかかわらず、楽観は許されない。私はひそかにこれで飛鳥は救われるだろうかと自問自答しているのである。

私はふと、子供のころに愛読した徳富蘆花の『自然と人生』の中の「吾家の富」と題して書かれた文章が、飛鳥問題を思うにつけ、胸によみがえってくるのを感じる。

「家《いえ》は十坪《つぼ》に過ぎず、庭《には》は唯《ただ》三坪《つぼ》。誰《たれ》か云《い》ふ、狭《せま》くして且陋《かつろう》なりと。家陋《いえろう》なりと雖《いへ》ども膝《ひざ》を容《い》る可《べ》く、庭狭《にはせま》きも碧空《へきくう》を仰《あを》ぐ可《べ》く、歩《ほ》して永遠《えいえん》を思《おも》ふに足《た》る。神《かみ》の月日《つきひ》は此處《ここ》にも照《て》れば、四季《しき》も来《きた》り見舞《みま》ひ、風《ふう》、雨《う》、雪《せつ》、霰《さん》かはる〴〵到りて興浅《けうあさ》からず。蝶児来《ちやうじきた》りて舞《ま》ひ、蟬来《せみきた》りて鳴《な》き、小鳥来《ことりきた》り遊《あそ》び、秋蛩《しうけう》また吟《ぎん》ず。静《しづ》かに観《くわん》ずれば、宇宙《うちう》の富《とみ》は殆《ほと》んど三坪《つぼ》の庭《には》に溢《あふ》るるを覚《おぼ》ゆるなり」

という文章の中に現われている僅か十坪の家と三坪の庭に溢れたものの中に、吾家のこころの富を見た蘆花の『自然と人生』、それを今、国民は飛鳥というわずか二千ヘクタールの狭い平凡な田園の中に日本人の心のよるべを見出そうとするが、果たしてそれがなるだろうか。

総理来訪の四十五分の輝やかしい栄光は、村のパーマ屋さんが言ったように、たとえ素通りに過ぎなかったにしても、不安に困惑する村民には一服の頓服剤の役を見事に果たしたように見えた。不思議にこの日を境にして、宮様、大臣、学者、各政党の委員長などの来訪が続いた飛鳥から熱病のようなブームは冷めて、ひっそりしてしまった。そしていわく観光用公衆便所、塵埃《じんあい》処理所、周遊道路、高速自動車道路、バイパス、駐車場、案内所、宿泊所、歴史資料館と、村民待望の最小限度の施設が四十六年にはほぼ国費で予算化され始めたからである。日本中どこの観光地にもあるこれらのワンセットは、飛鳥保存の永久理念というよりは当面の焦眉の対策に過ぎないが、一般にはこれで飛鳥問題は行政的に一段落したような錯覚が与えられている。

このあたりに、曖昧模糊とした官僚政治の妙味があるのかも知れない。村民が古都法の特別保存地区と風致地区による地域拡大を止むなく受け入れ、大体村の面積の半分近くが規制の網《あみ》をかぶることで、いわゆるカタがついたのであろうか。もし、この程度のことで飛鳥保存に終止符が打たれるとすれば、何のためにあのような一村が鼎《かなえ》の湧くような騒動をしなければならなかったのであろうか。佐藤総理の来村の意味は何であったのだろうか。

ともかく九月二十一日歴史的風土審議委員会は、総理大臣の住民生活と調和した飛鳥地方保存についてという諮問に対して、以上のような趣旨の答申を終わった。

このような道路の新設や施設は観光の俗化と過剰化を招き、飛鳥の保存どころか破壊への起爆剤になるのではないかという歴史的風土審議会委員の一人、坂本太郎東大名誉教授の声も、「栄光の報酬」として説き伏せられて、いつとはなしに掻き消されてしまったように見受けられた。この答申に、委員会で専門委員の立場からせめて「当面」という頭《あたま》を付けて、飛鳥保存の理念は未だ本質的に未解決であることを確認したのは、私のささやかな抵抗でもあった。

この答申によって特別立法を必ずしもしなくても、現行法の有機的総合的運用で充分飛鳥の景観は保存可能という「建設省」側のあくまでも現実処理的な見解と、現行法では不充分で特別立法による住民への補償と、仮称「国立歴史公園」の設立が必要と主張するあまりにも理念的な「文化庁」案との、微妙な対立を最後まで残しはしたが、この両者は、古都法以来の宿命的なニュアンスのある敵対関係を持っているので、ここでも行政の縦割りから生まれる断層と弊害をちらりと覗かせている。この対立こそ、日本の行政の美しい慣習であり、良民への迷彩工作であるかもしれない。

憑物が落ちたように離れたマスコミ

この答申が終ると、マスコミも飛鳥のことは憑物《つきもの》が離れたように急に冷淡無関心になった。取り上げるがすぐ捨てるという残忍さが露骨に現われた。もはや、過去の問題となったのであろうか。

しかし、私はひそかに考えた。これでぎりぎりまでびっしりと迫る宅地開発に対して古都飛鳥の保存は一切終了したのであろうかと。

世界にまだ前例のない住民の生活を丸抱えする文化財を核とする歴史的景観が、これくらいの知恵と予算で完全に保存されるのであろうか。どこかにごまかしと妥協がひそんでいるような気がしてならない。

自動車公害や観光施設のため、日本の山岳地帯からは高山植物が消え失せ、鳥や小動物が姿を隠してしまった。工場や住宅の汚水で日本列島を囲む海は汚染され、何万という魚類が死体として海浜に浮かび上がっているという満身傷だらけの自然破壊の悲惨な厳しい現状の中で、この程度の対策で古都は保存されるであろうか。むしろこのような保存は破壊につながるのではないか。

それを裏書きするように、六月十四日、女性六人を含む村の青年との徹夜討論会で、「飛鳥を守るかどうかは日本人の心を問う問題です。わかってくれますか」と説いたのに対して、ある村の青年は大声を張り上げて怒鳴りながら私に訴えて来た。「いくら話を聞いても、なぜ飛鳥を守らねばならないのか、さっぱりわからん。まず、このことからお腹の底までわかるように教えてくれ」と。この声には、素朴の中に飛鳥問題の原点に帰るべき真実が宿っていた。たしかに、今もなお如何に守るかという方法論は花ざかりだが、なぜ守るかという「保存の哲学」が残念ながら欠如している。このような青年に都会人の田園ブームや、歴史や文学の復古への感傷的ロマン、史実の探求、文化財生活空間の必要を幾ら説いてみても無駄である。「政府の保存というのは、学者先生の遊び場を作るに過ぎない」と村内で食料品屋を営むある店主は皮肉った。「歴史の奇妙な遺失物をなぜ明日香村民だけが犠牲を払って保管する必要があるのか」とある青年は問い返すだけであった。これに対して私は、飛鳥保存の理由は、高度経済成長の中にあって何もかも利益不利益の損得計算ずくめの近ごろの世の中で「負の世界」――負けるということを含蓄した――だと、ひとりごとのように言ったが、その青年は黙して答えなかった。

このような全村納得不可能な情況のもとでは、「飛鳥保存構想」の中で住民生活を景観保存のためにどんな意味でもデザインすることは、とうてい許されるべきことではない。強いてやれば、飛鳥の景観はなるほど表面的に残っても、いわゆるミイラとなることは必定である。地域住民の協力なくしては飛鳥は守れないと枕言葉のように人はいうが、果たしてそのように都合のよい「調和」が可能であろうか。宮跡遺構が自分の畑から出たある村民は、心の底から迷惑そうに「変てこなものが出て来たために馬鹿な目に会った」と素直に言っている。

私は、しばしば村民と保存の必要について徹夜で語り明かしたことがあるが、保存に対しては拒絶、国の行政に対しては不信、よそ者の意見に対しては頑迷な抵抗が続けられ、その話し合いがやっと明け方近くに何とかある程度の理解が得られたかの如く見えたが、やがて朝が来て太陽の光があたりを照らし始めると、「やっぱりわしにはわからん。大根一本売る方が切実な問題だ」という。すべては水泡に帰する。これが農村というものの正体である。素朴は、そのままいつの間にか驕慢《きょうまん》に変貌する。話の巧い人は信用できないと警戒しながら、他方、利益誘導のチクロ入りの開発構想の魅力には無条件で飛びついたりする。飛鳥については「徹底保存」の道しかあり得ない。今は苦汁をあえて啜《すす》って、保存に徹することが村民の将来の生きる道だといくら訴えても、それは学者先生の甘い迷言だと容易に承服しない。それよりは、規制の網を張る前に先ず補償して貰いたいと、ダム補償と同様な考え方を正直に訴えるものもいる。幻のサンタクロース百億円構想が、あえなく姿を消し始めた時の失望は目にあまるものがあった。そうかと思うと、保存協力という美名をかざして、実はこの際、開発促進の手がかりを国の力に頼ろうとする心情欠落の村民もいる。もちろんなかには、骨の髄まで飛鳥を守ることが自分の使命だと、命掛けの純情無垢な村民も多数いる。まことに十人十色である。

このような多様な村民に対して、飛鳥保存は日本人のこころの問題と言う対応にも、私は近ごろいささか疲れ果てた。

私は、さきに書いた『自然と人生』を耽読してから妙に人間嫌いになるとともに、自然への魅力に心を傾けてきた。しかし、この自然への惑溺によって、ややもすると人事の煩いを逃がれ人間嫌いになりがちになる自分を恐れた。飛鳥保存も、最後は人と人との間柄の問題である。どんな場合にも「人」を大切にすることである。古代の血を継ぐ飛鳥には、聖徳太子の子孫もいれば、蘇我馬子の血を引く人もいるはずである。そこには、恐らく日本の美と悪、愛と憎しみ、信仰と反逆の原型がひそんでいるはずである。当然、誹謗する者、嫉妬する者、裏切る者、強迫状を送る者、よそもののへボ学者と罵倒するものが現われて、この世の中には、良いと思われることが、必ずしも善意のもとで行なわれ得ないことを私は痛いほど思い知った。

それにしても、飛鳥の「はかなさ」「もろさ」「こわれやすさ」が、どれだけ村人にも、また飛鳥を大切に思う人にも、理解されているだろうか。飛鳥の景観は、いわば「尖端」の形象である。わずかな変化も、頂点から深淵にもんどり打ってころげ落ちる。「すべてか無か」である。このような都市化と繁栄の押し寄せるただ中に、果たしてこのような小さな「村」と、もろい「自然」を日本のこころのふるさととして残すということは、そこに住む七千の住民の立場を無視した空論ではないだろうか。しかし飛鳥保存の興廃は日本全国の文化財行政の試金石である。近ごろ私は、飛鳥は果たして保存できるか、そんなことを自らの心に問い直すたびに、ニヒルの感じが白い煙のように私の心の片端にたちこめるのはなぜであろうか。

飛鳥保存は、ほろびつつある古都の中で、ついに永遠の模索を続けることがせめてもの救いになるのではないか。

しかし、飛鳥の天地は、今日も一切を、飛鳥騒動の描く影をも呑み干して静まりかえっている。虚無の象徴である石舞台の周辺には、今日もあまたの観光客がたたずんでいる。古代亡霊の魂魄《こんぱく》が「くたばるな飛鳥」と囁きながら交霊しているかのようにみえる。

ところで、この飛鳥を純粋に保存することは非常に困難である。しょせん飛鳥景観と古文化財は、そこに住む人々にとっては「負」として無償の存在である。ましてや都会人の趣味、心情、美感などのセンチメンタリズムや〝保存貴族〟のサロン的発想ではどうにもならない。村民も徹底保存は無償の行為であることを覚悟しなければ、できないことに思い至るべきである。

それにしても、いまだに「保存の哲学」が欠如し、保存への運動はあるが、学問的基礎があたえられていない。人間の功利性につながる環境論や自然保護とは一線をひくべき保存の原理である「歴史的風土」の本質に対する考え方さえ自然地理や生態学的のものから一歩も脱していない。たとえ古墳壁画が発見されても、飛鳥保存が人間の欲望充足の方向に向かうことは何か恥ずかしいことである。飛鳥保存も文明の本質に対決しなければ不可能である。最近はマルコ山古墳の発見、飛鳥保存特別立法など、さらに問題は深まるばかりである。

（同一七五～一九五ページ）

第七章

風の十字路

——メディアが紹介した寺尾勇と飛鳥保存

【解説】

飛鳥保存運動がマスコミをにぎわすようになって以後、寺尾さんそのものがニュースの対象となって、「人欄」のような紹介記事にしばしば登場するようになった。その中で、「飛鳥」をどう考えているのかにふれた記事に絞って掲載する。

いずれの記事にも写真は添えられているが、それは割愛した。

「ほろびの美学」の寺尾　勇さん(63)

▼見出し

「人生・学問　これ放浪」

▼本文

(人間)ボクは人と意見があわない。公害でも「人間中心」の考えに反対する。人間は自然体系の一部。機械と動物の関係だ。ダーウィンを否定したい。人間はいま死滅に向かっている。自動車の金属音をきくだけでわかる。それでも、馬と人間はスバラシイ。一生こき使われて、何か意味があるかのように感じているんだから。みんな自由をもて余している。休みになったら行くとこがない、柳生へ行く。じっとしておれぬから動く。世紀末の現象、愚劣な日本人の象徴。いじらしいね。虚飾の繁栄に飽いて、貧しさを楽しむ変態心理だ。

(反逆者)ボクは一世一代燃焼主義だ。骨も灰も残したくない。こどもはないし、こども代りの本も燃やしてしまう。反逆者だ。中学のとき、生徒の不祥事で、教頭が新島襄のマネをして全校生を集めて、手をついてあやまった。ボクは思わず壇上へ上がって「偽善者め」と、ゲタで頭をなぐって、退学になった。軍事教練でエライさんがきたとき、足元へ銃を投げてやった。いまでいう赤軍派だ。

京大で哲学をやったがわからん。卒業して美学をやって、奈良へきた。三十年前、学者では初めて化粧をしてテレビに出た。落語家といっしょだと非難された。学問とは何だ？　オレの生まれる前からあるなんて、けしからんじゃないかとさからった。

テレビの社会時評をやったり、くだらない本を書いているうちに「アイツの専門は何だ」となった。ボクは人生も放浪、学問も放浪なんだ。学者が学会で徒党を組む？　政党と同じじゃないか。学者とは孤独だ。自分の独創だ。自由人だ。国家権力の保護を受けげず、レンズみがきをしてエチカを書いたスピノザこそ学者だ。

ボクは近く「美の理論―虚実との間」という本を出す。三十年間、ボクが学問をどう考えていたかのまとめだ。破滅を前提とし、論理を逆立させ、ほろびのなかに出発点をみようとしている。

（教育）教育なんて何にもならん。ボクの美学の講義を聞く学生に「聞いても何のたしにもならん。聞けば、出世はできない、絵はへたになる、恋人にはふられる」と忠告しているが、だんだん多くなる。ボクのようなけったいな人間を求める若者の心に、人間の芽ばえがあるような気がする。全共闘は論理不足で、紛争はバカげてた。活動家がボクの首をつかまえ「殺すぞ」とすごんだ。スバラシイよ。その学生は事故で死んだが、ボクは忘れない。彼らの心にはたしかに何かがあった。それを認めず、どの大学も、前より卑劣な妥協をしている。

（飛鳥）人間の持つ空しさ。こども十字軍と同じで、これほど求めるものと与えられるものがかけ離れたのは珍しい。ボクは自然慕情じゃなく、飛鳥人の心を求めた。心を除いて風土はない。欲望によって住民の心がすさんで、飛鳥はおしまいにはブルドーザー三百台並べてつぶした方がスッキリする。レンゲ論争ではないが、何を残すかの保存哲学がなかった。いまは文化財でなく「文化罪」といった方がよい。

（愛）家畜的な愛情ではなく、相手を必要としながら拘束しない愛こそ本当のもの。酒をサカナに人をのむ。しかし、人を愛しながら無情を感じる。荒野、断崖《だんがい》。理解することもされることもない取り残された人間としての思い。にぎやかで悲惨な人生。ボクは定年になったら日記を書く。破綻《はたん》者、余計者、放蕩《ほうとう》者がどんな感じで日を送ったか。そうして利己を後世に待とう。キラわれて野たれ死にするよ。ボクも自分をイヤになってる。（奈良教育大で）

（朝日新聞奈良版　一九七一年四月三〇日）

奈良教育大の毒舌教授　寺尾さん

▼見出し

「僕みたいな人間になるな」

「この三月に定年退官」

「六日に最終講義　自己批判も込めて」

▼本文

奈良教育大学の「名物教授」またの通称を「毒舌教授」といわれてきた寺尾勇さんが、この三月で定年退官する。六十五歳。美学専攻の教授として大和の文化的遺産の保存にも広く貢献、専門以外のあらゆる分野でも、独特の視点から歯に衣を着せぬ評論活動を続け、その〝毒舌〟ぶりは有名であった。六日午後の退官公開講義は「美はわれらにとって存在するか」。これが寺尾さんの最後の講義になる。自己批判から他の批判まで、あらゆる批判の総まとめとして――。

そして、学生に残す「大学を去る言葉」は「ボクみたいな人間だけにはなるな」。

寺尾さんは、長かった教官時代を振返って「僕は、自由主義を一貫して守った」「美につかれて、美を追い求めた」とソウカツする。その結果は「なんにもない」。美を探究して、ついに何たるかわからず、いろんな本を書いた。それでも「読者には悪かったが、自分の本当の疑問は、やっぱり解けなかった」。

京都大学文学部哲学科卒業。十年ほどブラブラしていた。この間に、美学に興味を持った。(昭和十六年、奈良県視学となり、十八年に奈良師範の教授。新制の奈良学芸大学(現在の奈良教育大学)の創立委員に加わり、教育系大学では初めてという美学講座を開設、その教授におさまった。

師範学校の教授時代を含めて約三十年間教育者の卵を育ててきた。「僕は文部省を表彰したいくらいだ。ホントニ…。だいたい、教育の本質には関係のない無用の長物である美学を教え、しかも、言いたいことを言い、やりたい放題のことをしても、これを許してきた文部省の寛大さは、まあ、表彰に値する立派さだねえ」と笑う。

風変りなことが好きだった。東大寺大仏殿に関西交響楽団を呼んで音楽会を開いたり、画家の山下清とも暮らした。そのあげく、大学の入学式のあとのオリエンテーションで「天才でなく、ただ大学に入るに適しているだけの君たちは不幸だ」とぶった。「教育なんてムダなことだ。何を教えてもダメだよ」との持論を唱え、大学の内外から白い目でみられたことも少なくなかった。「しまいには、みんなあきらめて。それで通用するようになった」。

歴史的風土審議会などの委員もつとめ、大和の文化的遺産を保存することで大いに発言してきた。「何のために文化遺産が現代にあるか、どう生かすかを考え続けたが、結局、わからなかったよ」。飛鳥保存に関して「明日香村に関所をつくって村にやってくる連中から入場料をとれ」と提言、村から総スカンを食ったこともある。「住民の生活を犠牲にして、何のための保存か、といわれ、ナルホドと思った。説得できる理由はないと感じた」という。いまでは、文化財は邪魔物だ。保存なんて十字架を背負うようなことだ、と考えている。「文化財や歴史的風土の保存に哲学がない。どうやって、より、なぜ、が本質なんだ。だから、今の保存は、結局、どこがもうかるかの功利的なものでしかないよ」と批判する。

飛鳥とならんで、大学紛争は心に残った。「大学紛争は、何のためにあり、何を生んだかと考えた。が、結局、熱意の流行で学内の信頼や連帯が失われただけのことだった」。そして、こうも、いう。「過去の若干の欠陥がなおっただけで、ボクを含めて、紛争を指導できる教官がいなかったことが不幸だった。いまの大学なんてダメだ。本質的な紛争が起るべきではないかナ」。教育とは何か。「人間を悪くする場だよ。学生の中にはキラ星のような、いい青年も、ときどきはいるが、きっとダメになっていくネ」。

この人、一般の人たちには批判精神のかたまりのようにはとられている。かつて、軍部や右翼からは「反戦家」左翼からは「革命になったら、シバリ首にする」と両方からきらわれたこともある。世間への批判もきびしい。

「日本人、これはもともと哲学がない。美への感覚―いま、それは限りなく悪くなった。残っているのは本能だけだ。しかも、これがまた疲れ、老いぼれた本能だ。投げやりな、あすなき生活者の群れだ。奈良をゾロゾロ歩く。喫茶店の大きな音。世紀末ですねえ。しかも、みんながどれくらい自覚しているのかなあ」寺尾さんにとっては絶望的としかいいようがないそうだ。

（朝日新聞奈良版　一九七三年二月二日）

「この人に聞く」―定年退官する奈良教育大学教授

寺尾　勇氏（65歳）

寺尾教授はあす六日『大和古代文化遺産への批判』と題した退官公開講義をし、この三月で大学を去る。奈良の風土と文化遺産を愛するあまり、著書『奈良散歩』では「奈良は私たちの会い、別れるところではあるが停まるところではない」と語った教授も、奈良生活満三十年。独得の発想と美感で、文明評論に、文化遺産の保存に広く貢献してきた。退官を迎えた教授に、奈良での思い出、奈良の魅力と抱える問題、これからの教授の仕事などを聞いてみた。

問　まず退官をひかえられたいまの気持ちは―

答　あらためてあいさつしなければという悲壮感はまったくないですね。言いたいことを言ってきたので思い残すこともない。ふだん着のままで終わりたい、と思っている。

問　大学では美術理論、美術史を教えてこられたのですが、先生の〝奈良観〟と、とくに学生に強調されてきたことは―

答　大和の古美術にひかれ、子供のときから奈良に住みたいと思っていた。もう三十年になるので奈良での生活が生涯で一番長くなった。大和の山河も、かつての人間の心のかたみとしての造形物―寺院や仏像も、美しい。私は、奈良は長くとどまる所ではないと思っている。奈良にはあまりにけっこうなものがありすぎる。怠惰、無気力になりやすい。かつて奈良に住んだ志賀直哉も歌人の前川佐美雄も、奈良を見捨てた。大和にいては人間の想像力が枯れていく。長くいては危険だと思ったのではないか。古代文化遺産に心ひかれながらそれを生かせず重荷になっている。奈良におぼれてはいけないと教えてきた。

問　総理府の歴史的風土審議会の専門委員としても活躍されているのですが、大和の古代文化遺産の保存について―

答　駅のホームに立っても、町の中を歩いてもパチンコ屋のネオンや立て看板などがハンラン、あまりに雑然としている。これではなしくずしにスラム化していく。景観や文化遺産の保存には〝負の存在〟つまり犠牲を払わずには保存できない。また顕微鏡的な学問や保存ではだめになってきている。近畿圏整備本部と奈良、和歌山、三重三県が協力して四十七年から三ヵ年計画で紀伊半島地域総合開発計画を進めており、私も調査、立案に加わっている。三県を一つの生活・休養圏として整備するのだが、保存問題もこの生活・休養圏の中で位置づけられる予定だ。

問　退官後はまったく自由な立場で活躍されるわけですが、これから手がけたいことは―

答　日本人の基礎は美的感覚だ。この感覚が衰弱しつつある。だれの身体の中にもこの血は流れている。眠っている万葉の美的感覚をよびさましたい。現代におよび戻せれば、人と人との間もいまよりは美しくなるだろう。夢を食べる貘《ばく》のように、私も夢をくっていなければ生きていけない人間のようだが…。

問　『飛鳥彫刻細見』『哲学するこころ』『ほろびゆく大和』『いかるがの心』など著書も多く出されていますが、退官後の予定は―

答　いままで多忙すぎました。当分は何もせずゆっくりしたい。ライフワークとして仕上げたいものはあります。もう表題も決めているのですが『人間の欲望の構造』それに『風土論』『美術論』を書き上げたいと思っています。

（朝日新聞奈良版　一九七三年三月五日）

【二十代】寺尾　勇さん（美学者）

※有名人の「二十代」を紹介する連載コラム

▼見出し

「大和の美　探求を決心」
「青春に火をつけた内村鑑三氏」

▼本文

奈良教育大名誉教授・寺尾勇さんが、六十九歳の今日まで大和の風土に寄せつづけた愛着は並みのものではない。数多の著作でその風土美を紹介し、景観保存を訴えつづけてきた。独自の美学もまた、大和の美の探求の中で築かれたもの。ほろびるものは美しくほろびさせよ、と説く「ほろびの美学」にはファンが多い。だが寺尾さんにとって、それは単なる詠嘆ではない。ほろんでほろびきれない美の真実を、明日へ再生させる模索の道である。大和の古仏の中で、寺尾さんが最もひかれてきたのは法隆寺の百済観音。「眺めていると紺碧の『海』が目に浮かぶ。やがてこの観音の体の中から遠い遠い海鳴りを聴く」と『ほろびゆく大和』に書いている。大和へのあこがれは、少年の日ながめた海から始まった。

寺尾さんの父・喜六氏は、日本では珍しいクリスチャンの軍人だった。満鉄の建設にたずさわったのち高槻の工兵第四連隊長になって帰国、さらに昇進を目前にしたとき、隊内でキリスト教の宣伝をすると密告され、いさぎよく退役に編入されて須磨に移り住んだ。寺尾さんも茨木中学から関西学院中学部に転校、海を見て暮らす朝夕が始まる。波音、潮の香、暗く明るく変化する色、そして無限の水平線……。あかず海原をみつめながら、少年は自然の中に生命の不思議と人生の無常を感じはじめた。「そのころ、すでに私の人間ぎらいが心にめばえていたのかも知れません」。休日にはきまって大和の古寺を訪ねるようになる。

中学卒業を前に事件を起こした。ある生徒の不祥事に、教頭が全校生の前で「私が悪かった」と手をついた。だが日ごろの教頭の言動を考えると、あまりにそらぞらしい。寺尾さんは思わず壇上にかけ上がり「偽善者め」となぐりつけてしまったのだ。そして退学。甲南高校時代にまた事件を起こした。軍事教練の査閲の日、威張りかえる査閲官の態度が我慢できず、ささげていた銃をその足元へ投げつけてしまったのだ。みな真っ青になった。だが、なぜか問題は拡大せず、今度は退学にならずにすんだ。粗暴どころか内向型の寺尾さんが、こと権力や偽善的なものに向き合うと、激情にかられてしゃにむに抵抗してしまう。「ひねくれものの暴発です。だが、それが孤独の道を歩む原動力にもなりました」

昭和三年、京大哲学科へ入学。二十一歳だった。漱石が好きで高校時代から文学を志望したが父に反対され、たまたま本屋で見つけた西田幾多郎博士の『善の研究』に興味を抱いたのが、京大哲学を選んだ理由である。西田教授はすぐ定年で大学を去ったが、まだ田辺元、九鬼周造、和辻哲郎らそうそうたる教授がいた。しかし、純粋哲学の理論構造は立派すぎて、寺尾さんの求める「いのちの喜び・悲しみ」には答えてくれない。哲学に「冷たいヨロイ」を感じはじめ、苦悩する日がつづいた。自分は哲学から何が得られるのか。

そんなある日、寺尾さんは東京駅で内村鑑三氏に出会う。父に紹介されて握手した、その手のあたたかさ。以来、内村氏に傾倒して、権力に対する徹底的な抵抗精神と、その底に流れるヒューマニズムに打たれ、ようやく自分を取りもどす。「私の青春に火をつけてくれたのは内村先生です。もし青春の標的というものがあるとすれば、私の場合、大和の完全な美しさでした。美の探求を一生の仕事にしよう、同じ学問でも芸術の理論構造を組み立てたい。こうして美学のどろ沼に足をつっこんでしまいました」。学部卒業後、ひきつづき大学院へ進むが、もう関心は美学へ向かっていた。

三年余の大学院生活ののち、大阪のウィルミナ女学校に奉職。十八年には奈良師範の教授に。戦後は奈良学芸大（現・奈良教育大）の創立に参画、教育系大学で初めての美学講座を開設した。四十二年、古都保存法の施行と同時に歴史的風土審議会専門委員に選ばれ、四十五年には飛鳥保存の寺尾試案をまとめ上げる。それは村民の生活を生かしながら、国立史跡公園として景観を保全しようとするものだったが、明日香村の入り口に〝関所〟を設けて入園料を徴収するという点で「われわれは見せ物ではない」と村民の反発を買った。「飛鳥の風土は地元住民が自主独立で守るべきもの。他の援助をあてにしてはいけないと思ったのだが……」。

教育大を定年退官した翌四十九年、寺尾さんは三十年余住みついた大和を離れ、青春の地神戸へ舞いもどった。やさしい飛鳥の風土が〝善意〟にもとづく整備によってかえって失われてゆく、それを見るのがつらかったのだろう。「古都保存には懸命だっただけ、いささか疲れました」。いま、大和や飛鳥のことを語るのは、寺尾さんにとって気の重いことのようだ。そして二十代についても。だが最後に「二十代というのは私にとって一握りのかげりの時期だったが、やはり欠かせない意義をもっている。いま一度人生があるのなら分解して再構成してみたい」と、美学者らしい表現でしめくくった。

（朝日新聞　一九七七年四月三〇日）

この風景「飛鳥・入谷」　寺尾　勇さん

※有名人に好きな風景を取りあげてもらって、それを写真と共に紹介する記事

▼見出し

「法隆寺観音の〝原点〟」

▼本文

「飛鳥は〝負〟の風景。そこには、ケルンのような塔さえない。ただ、田園が広がるのみ。ながめても、代償は得られない。その飛鳥を、なぜ守らなければならないのか。風景の哲学が必要だ」

熱っぽい。飛鳥を語る寺尾さんは、じょう舌である。

総理府の歴史的風土審議会専門委員。開発の波が、この万葉のふるさとに迫った四十五年、国立飛鳥有料史跡公園構想をブチあげた。明日香村の入り口に関所を設け、徴収した入園料を村に還元しよ

うというプラン。

待ち受けていたのは、村民の猛反発だった。「動物園ではない」と。徹夜で、飛鳥保存の要を説いて、わかった顔が、翌朝にはひるがえる。六世紀のむかし、崇仏派の蘇我氏と、排仏派の物部氏が、この地を舞台に争っていらいといっていいほどの大論戦。

論争は、保存という大義の前に、ビルひとつ建てられない地元の犠牲を浮き彫りにすることに成功した。そしてようやく、この六月（一九七九年）には、住民生活との調和をめざした飛鳥特別立法に向けての法案が、答申される。

しかし飛鳥はいま、第二の危機に直面している。もともと飛鳥にあったのは、小さな丘と飛鳥川。それに、限りない地下の埋蔵物。見渡す風景に、りりしさはなかった。

素朴さと、明るさのみの風景をここ十年来、急にアスファルトが覆い始めている。公園化の波が、押し寄せている。

「飛鳥は古代を考え、自分の人生をみつめなおす、イマジネーションの世界ではなかったか。代償のない〝負〟の風景の悲しい宿命を、なぜ、どうして、何のために大切にしなければならないのか。それを考えなおす時期に来ている」

自問する寺尾さんが「ここだけは」と、名指したのが、明日香村入谷《にゅうたに》。石舞台わきの狭い町道を飛鳥川に沿ってさかのぼること四キロ。稲淵を越え、栢森《かやの》の辻を左に、つづら折れの急坂を二キロ近く登りつめる。標高四四六メートル。静謐《ひつ》のなかに、二十五戸、八十人の集落がたたずむ。バスは、栢森まで一日三便。そこから先は徒歩。飛鳥めぐりの貸自転車では、とてもたどりつけぬ。聞こえるのは、せせらぎだけ。切り捨てられた景色の中で、シイタケ栽培に、山菜取りに、住民は土に生きる。

「皇極記」によれば、飛鳥川の奥、大丹穂山《おおにほ》に桙削寺《ほこぬき》が建立された。この寺に、百済観音があったと伝承される。

寺尾さんは、入谷を、大陸のおもかげをとどめる法降寺観音の原点とみる。飛鳥川の源流が渡来人の定着地だとすれば、観音は入谷でつくられ、法隆寺へ運ばれたのではなかったか。

とめどない飛鳥への幻想。

寺尾さんは昨年末、住みなれた大和を去り、神戸へ移った。望郷の思いのなか、手塩にかけた飛鳥の風景のあした、を見つめている。

（撮影　藤田　英夫・文　小原　常雄）

（サンケイ新聞夕刊　一九七九年五月一日）

「WHO'S WHO」寺尾 勇さん（美学者）

※大阪本社版の夕刊。原則として一面左肩に写真2段半、記事60行ほどで、有名人の今を紹介したコラム

▼見出し

「飛鳥の風土をもっと愛して」

▼本文

奈良県明日香村を訪れる人は後を絶たない。「飛ぶ鳥のあすか」として万葉集に歌われた自然が今も残っているからだ。

その「飛鳥保存」に奔走したひとり。一九七〇年春、保存運動が全国的に盛り上がり、政府を動かした。八〇年に明日香の歴史的風土を守る特別措置法ができる。歴史的景観、埋蔵文化財の保護のうえで画期的な出来事だった。

「保存運動にはじめから深くかかわった人のほとんどは鬼籍に入りました。岸下利一村長をはじめ国や県の関係者も」

飛鳥を愛し、保存を訴え、総理府歴史的風土審議会委員として提言し、保存策が決まるまで見守ってきた。飛鳥のことに話が及ぶと、二十数年前と同じように熱っぽい。

「私がイメージしていたものとはずいぶん違ったものですが、とにかく万葉の風土を次の世代に引き継ぐことはできそうです。でも、これで安心というわけではありません。今後とも、みんなで関心を持ち続けて欲しいものです」

美学者として若いころから「風土」に関心を持ち続けてきた。

「ヨーロッパの人たちは、自らの風土、つまり居住地域に愛着と誇りを感じています。それがあの美しい景観を残すエネルギーになっているのです。残念ながら、日本人はそうではありません。もし、もっと愛せるようになれば、風土の保存もうまくいくはずです」

日本人がこうも共有の生活空間に無関心になったのは、生き方のどこかにひずみがあるからではないかという。「行政をはじめとして、日本人全般にまだ、歴史的風土保存の哲学が生まれていない」と嘆く。

満八十九歳を迎える十一月に、スライドや音楽を使って、長年探究してきた風土についての思いを披露する催しを開く。「フィーリング・アート」ともいうべきものだそうだ。テーマは「風の十字路」。歴史や人が、風とどうかかわってきたかを追いながら、それぞれの時代の、地域の風土を考えてみたいと熱意を燃やす。今、その準備に余念がない。

（文・高橋　徹　写真・渡辺瑞男）

（朝日新聞　一九九六年九月十八日）

【明治人　大正人】言っておきたいこと——美学者・寺尾　勇さん（92歳）

▼見出し

「目に見えないもの大事に」

「個性と創造力育ててほしい」

▼本文

「景観は日本の文化遺産」

「そりゃあ飛鳥は今も好きですよ。だけど、ぼくの好きな飛鳥は日に日に遠くなって失われてしまった。今また万葉ミュージアムの建設予定地から「富本銭」が出てきて騒がれていますが、ぼくは最初から建設には反対だったので、県の方には改めて計画の見直しをお願いしました。テーマパークはもういらない。これは奈良だけの問題じゃないけど、せっかくの保存事業が本来の景観を破壊している場合もある。経済効果ばかりを期待した行き当たりばったりの保存事業が多すぎて、歴史的景観や文化財の保存に対する哲学がない。日本の景観は日本文化が残した文化遺産としてもっと大切にしてほしいですね」

〈飛鳥の保存運動の火つけ役の一人。政府の歴史的風土審議会専門委員として「古都保存法」や「明日香村特別借置法」の制定に奔走。七〇年に寺尾試案として出された明日香保存の構想は、村のほぼ全域を〝野外博物館〟にするなど思いきったもので、「エコミュージアム」的な発想は時代を大きく先取りしていた〉

「それぐらい思いきった発想の転換を考えなければ未来は開けてこない。村の入り口に関所を設けて入園料を徴収し、その一部を村に還元する。外部の人間は入り口で車を止めてそこから歩くか別の交通システムで村内を見学するという私の考えは、決して悪くはなかったと思うけど、今思えば時期が少し早すぎた」

〈大学時代に和辻哲郎の「風土論」の講義を聴いたことで、人間の暮らしを取り巻く景観に関心を持つ。卒業後、奈良に職を得て住みつき、破壊が進む古都の姿に心をいため、〝滅びの美学〟と名づけられた独特の美意識と歯にきぬ着せぬ辛口の批評で、歴史的景観の保存を訴え続けてきた〉

「景観や建物、仏像が、まさに滅びてゆこうとする中にこそ、それぞれが持つ最も美しい姿がある。人はそれに接し、感動を覚えることで心のいやしが得られるというのがぼくの説く美学。でも滅びゆくものには美しさがあるが、滅びてしまっては取り返しがつかない。そのよみがえりに手を貸すのが、現代人の責務ではないでしょうか」

〈中学時代、ある生徒が不祥事件を起こし、教頭が全校生徒の前で「私が悪かった」と頭を下げた。だが、日ごろの教頭の言動からあまりにそらぞらしいと、「この偽善者め」とゲタで頭をなぐり、退学になったことがある。大学に入学後、内村鑑三に傾倒し、権力や偽善に対する抵抗の精神と自由主義の生き方を、学者になってからも貫いた〉

「大学ではぼくは〝異端児〟でした。入学式でも新入生を前に『君たちにおめでとうと言いたいけれど、天才でなく、ただ大学に入るに適しているだけの君たちは不幸だ』なんて言うもんだから、みんな変な顔をしてましたね。学者は孤独な自由人であるべきというのがぼくの考え方。学者が学会で徒党を組むなんて政党と同じじゃないか。ぼくは人生も放浪、学問も放浪で通してきた。

だから、定年で大学を去る時には『ぼくみたいな人間にだけはなるな』と学生たちに言い残した。それと、『奈良の古いものになじむのはいいけれど、奈良には平和なもの、完全なものが多すぎるので、その中でぬくぬくとしていてはいけない。もっと抵抗の精神を持て』と」

「大学で〝異端児〟だったぼくが二十世紀の終わりもまた〝異端児〟として去って行く。でも、一脈の望みは持っています。それは、全体としてみると、今の世の中は破壊的な状況だけれど、その中にぽつん、ぽつんとわが道を行く若い人がいる。今の社会の流れに逆行している。そういう人の中に、将来立派な人間になる芽があると信じています。だけど、ややもすると群れの中に押しつぶされてしまう。これからは個性と創造力をもっと育ててほしいね」

〈今の不況や世の中のすさびは、決して今降ってわいたものではなく、時代の流れの中で養われたタネの芽が生えてきたもの。「政治家が先を見通す力を持っていないから今のような混乱が起こるのだ」と〉

心の荒廃もっとこわい

「長く鎖国が続いた徳川時代から、新しい近代国家ができた明治時代。そして大正、昭和と、改めて振り返ってみると、大きくふくらんだ時代と縮みの時代がほぼ交代にあった気がします。今はその縮みの時代が終わって、破れの時代。それも底抜けの破れの時代になってしまった。例えていうなら鎌倉時代の地獄絵図みたいな様相を示している。でもこれを世紀末といって片づけてしまっていいかどうか。ヨーロッパの世紀末は退廃からまた復興、つまりルネサンスをやっている。だからヨーロッパのデカダンスには精神的な薫りがあったが、日本にはそれがない。毎日、新聞紙面をにぎわす犯罪・事件を見ていると、『犯罪カタログ』ができるほど。でもその底流にある日本人の心の荒廃はもっとこわいね」

「日本は今、経済の状態が悪いから、一日も早く経済の復興を急がねばといわれている。でも〝衣食足りて礼節を知る〟というけれど、では経済が復興して豊かになったらどうなるのかという見通しがまるでない。またバブルのころと同じ生活に戻るのでは意味がない。三代を経て日本人が受け継いできた〝良い遺産〟がみな消えてしまった。モノや金でなく、目に見えないものをもっと大事にしないといけません」

聞き終えて……

「河の如く来たり　風の如く去る」

神戸・御影のマンションの最上階。ベランダから紀伊半島や淡路島が一望できる。琉球畳を敷いた和室は、好きな蕪村の句から『借寸庵』と名付けたお気に入りの空間とか。「もっと姿勢を崩して」とのカメラマンの注文に、「どうせぼくは人生も崩れてるからね」と笑わせて、冷酒のグラスを傾ける。「隠遁といえば聞こえはいいけど、ぼくの場合は酒遁だね」

自らつけたあだ名が〝風来坊〟。その名の如く飄々と生きて九十年余。「そろそろロマンの旗を降ろす時」と、二十一年間続けてきた奈良の隠れた古寺を巡る旅を昨年で終了。一月末に大阪市内で開かれた最終講義には約百五十人が集まった。

旅を振り返るビデオの最後に自作の詩を二編。〈我はまさに去るべきの客の如し／去り去りていづくのか行かんと欲す／河の如く来たり／風の如く去る〉〈ひとつ山押してなびけばすすき原／枯れてゆくのも／力の如し〉。

山の辺の道と曽爾高原での作といい、「次の世代への遺言であり、今のぼくの心境でもあります」と。人生の旅路の果ての言葉が心に響く。愛するゆえに奈良を離れ、青春の思い出の地、神戸に戻って二十数年。「ぼくがもし神であったら、人生の最後に青春をおきたい」と語り、今、その第二の青春を気ままに楽しんでいる。

（編集委員　音田　昌子）

（読売新聞　一九九九年二月二十七日）

大和の地に「滅びの美」思慕　惜別

――美学者　寺尾勇さん

乱開発の波が万葉のふるさとと、奈良県明日香村周辺に押し寄せていた70年代、保存の論陣を張った。保存対策の柱になった明日香村の歴史的風土を守る特別措置法（80年施行）の成立に貢献した。

建物の新築、増改築を規制するなどして村全域の現状変更を抑制した同法により、乱開発は防げた。だが、規制の見返りに、道路を新設し、農地造成で丘陵を削る公共事業が活発に行われ、景観の変化は今も激しい。そうした村の現状を「飛鳥保存の原点とはほど遠い」と批判し続けた。

「明日香は歩けばカツカツ古代の音がする。古代の亡霊を呼べば、こだまして歴史を物語る」。こんな詩的な表現で、明日香の歴史的風土を表現する。かつての農村風景のような、人間の営みが自然と合った景観を求めていた。

最近はやりの遺跡の復元も「仮装行列のようなニセの古代」と皮肉ったが、納得すれば我を通さない柔軟性があった。奈良県古都風致審議会委員だった時、薬師寺の西塔再建（81年完成）計画が審議された。16世紀に焼失した西塔跡は礎石が残り、白鳳様式の東塔と対比されて「滅びの美」の象徴だった。

命あるものは必ず滅びる。そこに美を見出す「滅びの美」は、奈良教育大教授以来の「寺尾美学」だった。同寺の安田暎胤・副住職は自宅を訪ねた。「薬師寺は一千年以上も生きてきた寺。遺跡ではないと説明すると、最後は『もろ手をあげて西塔の再建に賛成する』と言ってくれました」。

辛口の批評と少年のような純粋さを持ち続け、古代紀行の講師などを通じて多くのファンがいた。大和の美の根源を見つめるエッセーを書き続け、数多い著書の最後となった『我輩はモリアオガエルである――知られざる素顔の大和』（文芸社）は、亡くなる3カ月前に出版された。

春日大社の森のモリアオガエルに自身を託し、ユーモラスに大和への思慕をつづる。2人暮らしだった妻の栄さん（73）に「あと1冊、出したい」と話していたという。（沖真治）

てらお・いさむ10月3日死去（肺炎）94歳　10月4日密葬

（朝日新聞　二〇〇二年十一月十一日）

対談◉西川幸治＋高橋 徹 ＆ 付論

第八章

歩けばカツカツと古代の音が

——景観保存問題としての飛鳥保存運動

万葉の風土から重要文化的景観へ──西川幸治さんに聞く

【解説】

二〇〇四年に公布された改正文化財保護法（施行二〇〇五年四月一日）によって、文化的景観が行政保存の対象となり、そのなかでも重要な場所は「重要文化的景観」として国が選定することになった。もし、この法律が四〇年前にあれば間違いなく選定第一号となったことだろう。しかし、ここにくるまでには三十数年の時が必要だった。当時は「景観」という言葉も、それに含まれる思想もまだ熟しておらず、世間ではまだ景観への関心が薄かったからである。そんな中で都市史研究者で知られる京都大学名誉教授の西川幸治さん（滋賀県立大学前学長）は、若いころから都市空間の保存修景に関心を持ち、建築家として自らも町なみの修景にかかわってきた。西川さんに高橋が、景観保存とは何かを聞いた。

──二〇一〇年は「飛鳥保存」が話題になってから丸四〇年になります。運動の火付け役の一人だった寺尾勇さんの残された著作の中から、ご遺族の意向もあって、寺尾さんの飛鳥への思い、人となりをまとめることになりました。私自身も飛鳥保存運動が盛り上がった時は、一線の新聞記者として関わっていました。この機会に「飛鳥保存とは何だったのか」を再考してみたいと思ったからです。

あの頃の私は「このままでは、飛鳥地方は開発の波に飲み込まれてしまう。遺跡と景観を現状のままに守るべきだ」という声をそのまま記事にしていました。その守るべき対象としての埋蔵文化財のことは説明しやすかったのですが、よく話題になった「万葉の風土を守る」という呼びかけには、ひっかかるものを感じることもありました。万葉時代はもう千二百年以上も昔のことで、当時宮殿などのあった辺りは、今は水田です。山の姿ぐらいは、昔のままかもしれませんが、それとて長い歴史の中で、開墾されて大きく変容してしまっています。「守れ」「守れ」と書きながら、景観を守るとはどういうことなのかと、しばしば戸惑いました。

その後、しばらくして西川さんの主宰される「保存修景計画研究会」(注1)のメンバーに加えていただき、飛鳥保存は今日でいう「文化的景観の保存」の問題だということを学ばせてもらいました。「古い町なみは人がそこを訪れることによって「歴史の追体験」ができるからであり、それを破壊してしまうことは、子孫たちからその追体験の場を奪うことになる。だから保存することが大切だ」ということを、口を酸っぱくしておっしゃっていたのを覚えています。研究会では日本だけでなく、世界各地に残る優れた景観を持つ町なみの歴史、現状、保存、修景などが取り上げられ、それを通じて私も文化的景観の持つ重要性を、実感として理解できるようになりました。きょうは久しぶりに「景観」について、改めて教えていただきたいと思います。

西川　京都で研究会を開いていたのは、もうふた昔も前のことですが、そういえば保存修景研究会に参加してくれていたのでしたね。研究会の成果として、シリーズ『歴史の町なみ』の本(注2)をつくったことを思い出します。寺尾さんの本を出されるそうですが、実は私は風致関係の会合などでお会いしたことはあったように記憶していますが、親しくお付き合いしたことはありませんでした。ただ、私が京都の風致審議会、寺尾さんは奈良の風致審議会の委員をされており、お名前はよく存じていました。飛鳥保存問題に一所懸命になっておられたことも、マスコミでよく拝見していました。飛鳥保存のために「入村料」を取ってはどうだろうという寺尾案を新聞で読んで、驚いたのを思い出します。保存に必要な費用を捻出するには、さまざまな工夫が必要だというのはよく理解できましたが、当時の日本では景観保存への関心は薄く、保存の大切さはまだよくわかっていない時代でした。実現の可能性はないだろうが、ずいぶん思い切ったことを考える人だなあと、強い印象を受けました。

多くの日本人、それも行政が「景観保存」というものを強く認識しはじめるのは、飛鳥保存運動が話題になった一九七〇年秋に、ユネスコと文化庁主催の「京都・奈良伝統文化保存シンポジウム」が開かれたころからではないでしょうか。

――いち早く保存キャンペーンに加わった朝日新聞では「遺跡と景観を守る」という語句を記事の中で、しばしば使っていたと思いますが……

西川　もちろん、そのことは知っていました。しかし、保存対策に取り組む研究者や行政の担当者たちでさえ、飛鳥保存は限定された地域の話として、その成り行きを見ていたようです。なにぶん、古代の宮室、「都城」がうまれる土地という日本にとって特別な地域のことでした。「遺跡と景観をどう守るか」という問題への関心は低かったのが当時の状況でしょう。
一九七〇年、京都で「京都・奈良伝統文化保存シンポジウム」がユネスコの後援でひらかれ、「歴史的な街区やその周辺の景観保存が大切で、それを行政も守るように努力すべきだ」という提案がされました。それで地方自治体にとって「景観問題」が緊急な課題として注目されるようになったのです。景観の保存は飛鳥のような、重要な歴史の舞台となった地域の問題だけではなく、地方各地に残る伝統的集落や町なみも保存しようという認識が広まったのだと思います。京都市もそれを受けて、ただちに市街地景観条例をつくりました。

――「景観」という言葉が生まれたのは、二〇世紀初頭のことで英語の「Landscape」やドイツ語の「Landschaft」の訳語だそうですね。もとは植物学者が使っていたのを、やがて地理学者が盛んに使うようになったと聞きました。「Landscape」や「Landschaft」は、広がりのある景色や風景のような意味で使われているようですが、歴史地理学者の千田稔さんは、景色というような日本語では、地域という意味を持たないから、景観という造語をしたのではないかと書いています（注3）。

西川　学術用語としての使用はその通りかもしれませんが、景観の言葉が一般に浸透したのは、地域の個性に注目し、魅力ある国づくりに関心がもたれるなかで、都市計画や地域計画などでも使い始めてからでしょう。そうした意味での景観保存への関心が高まっていくのは、このシンポジウム以後とみてもいいのではないでしょうか。

このシンポジウムが開かれていた期間でのことですが、「京都市内を見学したヨーロッパの専門家たちが、東山区の産寧坂で、電柱や電線が景観を破壊しているのに、なぜ放置しているのかと問われ、関野克・東京大学教授（建築史）ら日本の専門家たちは答弁に困っていた」という新聞記事（注4）が出たことがありました。また、貝塚茂樹・京都大学教授（東洋史）は「日本人には消去能力があるから、電柱をはずした景観を眺めている」とも答えられていましたが、こんな報道もあってシンポジウムの開催が、一般の方たちも景観は人が努力して保存する必要があるということを漠然と理解するようになるきっかけになったと思います。

—— 電線や電柱の問題については、このシンポより四年前の一九九六年に公布された古都保存法では、特定地域内では規制すべきだと言及しており、これらが景観破壊の原因の一つになっているという認識は既にあったのではないでしょうか。

西川 でも、その規制が具体的に検討されるまで、時間がかかったわけです。由緒ある産寧坂でさえ外国人に指摘されるまで、特別な対策が取られなかったわけですから。

—— 電柱、電線の景観破壊についてですが、日本人は近年まで「共有空間の景観美」といったものへの認識がなかったのではないかと、私は思うのですが。極論かもしれませんが、日本人一般が「共有空間美の存在」に気づいたのは、一九七〇年代ごろになってからではないかという気がしてなりません。

西川　確かにそういうことがいえるかも知れません。伝統的町なみは、法律や条例で保護する必要はありませんでした。もともと日本の町なみは、木造の低層住宅が並んで、改築、新築されても木の文化の系列の中の変化であり、とくに保存措置をとる必要はなかったのです。繰り返しますが、日本ではもともと町なみや景観は調和が約束されていたのです。しかし、時代が変わり、建築の材料や技術力が変化し科学技術の発達で恩恵を受ける反面、逆にそれらは伝統的景観を蝕みはじめます。そして伝統的に維持されてきた町なみも、法的な保護が必要になりました。この予定調和の世界が、激しく崩壊し始めたのが、戦後の復興につづく高度成長でした。

――　巨大ビルや橋梁を造る、高架道路を造るといった、科学技術の恩恵を受けた急激な変化は、「予定調和」などというものは通用しなくなったわけですね。努力して共有空間の美を守るという、ヨーロッパ人のような空間認識が育つ前に、日本では破壊という現実が進行していったといえるのでしょうか。日本人は共有空間の景観美に無関心だったと言いましたが、京都などでは江戸時代に「町なみをきれいになるようにせよ」という町定めがあり、ちゃんと文書として残っているそうですね。

西川　京都では、各地域の町で、町ごとに町規を定め、景観の保存・維持につとめていました。たとえば室町の清和院町（上京区室町通上長者町下ル）所有の古文書（注5）の件ですね。昔からの町なみを変えるな、塀をするな、米屋や指物屋、その他見苦しいものに家を売るなどということを規制しています。

―― ヨーロッパの古い町では景観に対してもっと厳しい規制があり、日本でも大人数が暮らす大都市にはあっても不思議はないはずです。そんな規制がありながら、近代になると守られなくなり、京都でも激しく町なみが変わりました。そうなったのは「近代化の論理」のせいだと思います。明治維新政府は、欧米に追い付き追い越せと猛烈な勢いで近代化を推し進めました。「近代化はすべていいものだ」という論理がまかり通りはじめましたが、これはまた明治の「官の論理」ともいえるのでないでしょうか。政府関係の建物は、ことごとく石造やコンクリートになりました。民間もそれに追従して、木造の家並みの中に次々と洋風建物を建て、伝統的な予定調和は次第に崩れていきました。でも、だれも反対はしません。規制することは、時代遅れの感覚だと受け止められたからでしょう。建造物のことだけではなく、電柱電線もそうですね。それは近代化のシンボルであり、一般の人たちは、電柱があちこちに立ち、電線がわがもの顔に縦横に空間に張り巡らされていることをむしろ誇りに思ったのです。その結果、日本人の空間認識はどこかおかしくなってしまった、そんな気がしてなりません。

西川 そういうこともあるかもしれません。工場の煙突が林立するのを「煙の都」として賞揚し、近代化の象徴としてみる傾向さえうまれました。話を元に戻しますが景観保存ということが目に見えるような動きになったのは、長野県南木曽町妻籠《つまご》や倉敷市の倉敷川河畔や本町通りの町なみからでしょうか。明治百年事業として妻籠宿は村役場の一人の職員が、東大の太田博太郎教授（建築史）を担ぎ出し、空きになった昔の旅籠《はたご》を次々と修復・復元して、新しい観光の対象として光をあてました。倉敷川の河畔は、有名な美術館もあって、以前から知られた景勝地だったが、さらに町なみの修景事業が行われて、一層広く知られるようになりました。京都の産寧坂の場合は、私たちが京都市と共に、町なみを調査し、町家《まちや》のデザイン要素を明らかにし、道に面した家の外観モデル図を細かく立案して提示しました。このように、これまで単体でしか保存の対象にならなかった建造物を、面的な広がりのある空間として保存対象にするという動きが、一気に全国的に広まっていったのです。

―― 小京都といわれる宮崎県日南市飫肥《おび》で、飫肥城下の本町商店街の人たちが中心となって、研究会をつくり「家は日本風」「けばけばしい色は避ける」など申し合わせ事項を決めると共に、熱心に城下町の町なみ保存に取り組んだのが、景観保存の早い例だと聞いたことがあります。

西川　景観保存に取り組んだ先進地としては、他にも名古屋市緑区にある絞業者の町の有松なども知られています。このように一九七〇年ごろを境に各地で運動が高まりました。各地の市町村で独自に条例を定め、伝統的建造物群保存地区として、集落や町なみを保存することになったのです。国は一九七五年に文化財保護法を改正し、翌年妻籠宿、産寧坂、角館（秋田）、吹屋（岡山）など計八カ所を「重要伝統的建造物群保存地区」として選定しました。その後、次々と「重要伝統的建造物群保存地区」に選定される町なみは増えていきます。
このように、面としての空間の景観保存が注目されていく過程で、それぞれの地域に生きてきた人びとが、その生活と生業によってうみだしてきた景観に注目する動きがうまれました。樹木や池、川、庭、道、あるいは道端に立つお地蔵さんなどといったもっと広い景観の保存が必要ではないかという考えが生まれてきたのです。それが今注目されている「文化的景観」と呼ばれるものです。その考えがはっきり打ち出されたのは、一九九〇年代になってからのことです。ユネスコが世界遺産の登録に、文化的景観という観点を導入し候補を検討する方針を決めたことなどから、我が国でも保存の対象とされるようになったのです。

――文化的景観保存対策の延長線上に制定されたのが景観法というわけですか。

西川　景観法は必ずしも、文化財保存に限りません。「景観法の施行に伴う関係法律の整備等に関する法律」「都市緑地保全等の一部を改正する法律」と合わせて、通常、「景観緑三法」と呼ばれています。国土交通省が中心となって準備したものです。景観法の目的はおおまかに言うと「都市、農山漁村等における良好な景観の形成を図るため、良好な景観の形成に関する基本理念及び国等の責務を定めるとともに、景観計画の策定、景観整備機構による支援等所要の措置を講ずる我が国で初めての景観についての総合的な法律」だそうです。
景観保存はややもすると長い歴史や伝統のある地区のことだと思われがちですが、最近では、住宅地の中に高層ビルや工場が建ったりして、良好な環境が破壊されるケースがうまれ、景観が壊された、日照が妨害されたなどとよく問題になっています。経済性だけが優先され、建築基準法に違反しなければいいとばかりに、地域の環境を無視した建造物が出現、あちこちでトラブルが起きるようになったのです。そこで、良好な景観を壊すものは規制し、景観を守り新しく創生するための計画に、国も手助けしようというものです。

もちろん文化庁も、この法律に合わせて文化財保護法を改正、地方自治体が保存措置を講じた「文化的景観」のうち、「重要なもの」は、重要文化的景観として選定し、顕彰していくことになりました。

―― 寺尾さんが、何度となく書いた明日香村の歴史的風土を表現した美学者らしく大変詩的なフレーズがあります。「明日香は歩けばカツカツ古代の足音がする。古代の亡霊を呼べば、こだまして歴史を語る」。ファクトに即して物を考え、描写することを旨としてきた私などには、なかなか理解できませんでしたが、自然と人の暮らしがほどよく調和し、歴史に培われた景観、それが心に抱いた寺尾さんの「飛鳥の風土」だったのでしょうね。確かに重要文化的景観の選定基準には適合します。そこにビルが建ち、新建材の家屋群が並ぶことは、なんとしても我慢ができず、これさえも守れなくては、日本の景観は駄目になると思われ、飛鳥保存にのめりこんだのではないかと思います。

西川 明日香村の文化的景観は、日本の歴史のなかでも日本国民が共有する重要な文化財として意味を持つことは事実です。しかし同時に今に生きる明日香村の人びとの生活の場として維持していかなければなりません。どの地域でも身近にある地域の文化財を守ることが、その地域に住む人の一体感を保つ重要な役割をはたしているのです。例えば京都府南東部の南山城にある浄瑠璃寺や岩船寺がたつ当尾地区には、野の道端に数多くの石仏があります。それらは親から子へ、また孫へと受け継がれ、祭礼や盆正月のたびごとに、大切な役割を担ってきました。ところがクルマ社会になって、石仏を単なる骨董品として持ちさる不心得者が出始め、地域の人たちは「戸籍づくりが大切」と石仏の台帳を作り上げました。それによって地域の人たちは、ますます石仏に愛着を持つようになっていったようです。これこそが地域文化財です。

——地域文化財の実態を知ることが、保存の大前提というわけですか。

西川　私は文化財の保存については、動態保存と静態保存の二つの保存方法があると考えています。静態保存というのは、従来、国が多くの国宝や重要文化財、史跡などに適用してきた方法で指定した時のまま、修理にあたって創建当時の状態で保存するというものです。それに比べ、町なみのように、伝統をいかしながらすぐれた改造を進め、将来においても生活の中で展開させ、良好な形で変化させて保存する方法です。文化的景観はまさにこの動態保存がもっともふさわしいものだと思っています。この動態保存は、これからの町づくりにとって重要なカギを握るはずです。滋賀県近江八幡市は、はるか昔の城下町時代の八幡堀を再生させ、町づくりが進められている例としてよく紹介されます。

この八幡堀は、豊臣秀次が八幡山に城を築いた時代に掘られたものです。城は江戸時代になって破毀されますが、琵琶湖とつながっていた堀は、町人の町となっても江戸時代から戦前まで、流通の運河として大きな役割を果たしてきました。しかし、クルマ社会になって琵琶湖の水上交通は衰退、一九六〇年ごろには雑草が生い茂り、ヘドロの堆積に住民は悩まされるようになりました。そこで埋め立て案が浮上したのですが、青年会議所のメンバーの発案で、住民が協力して堀を蘇らす運動を始めました。堀の近くには近江商人の旧家が軒を連ねる町なみもあり、やがてこの町なみを活かした町づくりに取り組んだのです。一九八九年には町なみが重要伝統的建造物群保存地区に選定され、二〇〇六年には一帯が「近江八幡の水郷」として、重要文化的景観の第1号として選定されました。一時はヘドロ化し、やっかいものだった八幡堀をよみがえらせ、新しい町づくりの方向性がみつかったのです。このように全国的にはあまり知られてなくても、地域の人々と密接に関係してきた文化的景観、地域文化財を大いに動態保存することで、人びとがほこりをもち、共感しあえる暮らしやすい環境が生まれると思います。

飛鳥保存、つまり明日香村の文化的景観保存には国の予算がつぎ込まれたと聞いています。これは極めて例外的なものであり、どこの市町村もモデルにはできないでしょう。しかし、飛鳥保存という運動があったことで、景観保存というものが広く認識されるようになったことは疑いないことでしょう。

注1――西川さんが大学や研究機関、行政だけでなく在野の建築家たちにも呼びかけて組織した研究会。若手の研究者が目立った。
注2――保存修景計画研究会・西川幸治編『歴史の町なみ』(計5巻　NHKブックスカラー版)
注3――千田稔著『風景の構図』(一九九二年、知人書房)
注4――『朝日新聞』一九七〇年九月七日付(大阪本社版)
注5――京都市史編さん所『史料・京都の歴史―上京編』

飛鳥の「土」と「道」を踏みしめながら

【解説】

以下は、私が飛鳥保存財団が発行した『明日香風』第9号（一九七八年秋）用に執筆掲載したものである。寺尾さんが大阪に来られた時に、たまたまお会いして、お茶を飲んだことがあった。その時に「そのうちに道の特集号を出したい、面白い案はないだろうか」という話がでた。それで私は西川さんの研究会で学んでいた保存修景の話をした。「いくら明日香だといっても、昔のままの道でいいわけはない、やはり心やすませる道でないと」などと気楽にしゃべった。その後、どのくらいたったか覚えていないが編集担当者から、「飛鳥らしい道」の話を書いて欲しいと依頼を受けて、出来たものである。この号には寺尾さんが巻頭エッセイとして「レクイエム―明日香　消え失せた道」として万葉時代の廃絶した道について書いている。

望まれるストリート・ファニチャーの工夫

飛鳥らしい「道」を

飛鳥のよさ、すばらしさは、車でおとずれてはわからない。歩くか、せいぜい自転車でまわってみてはじめて気づく、といわれる。その昔、古代国家の基礎がやっと固まったころ、都がつくられた飛鳥地方には、古京の面影を今に残す建造物はほとんどない。同じ古都といっても、大社寺や町割りの残る奈良、京都などと比べ、ここに大きな違いがある。

愛に恋に、また国づくりにと、『万葉集』に生き生きと描写された飛鳥人が活躍した当時をしのぶものといえば、山や川、田畑などの自然景観であり、それらをつなぐ道である。飛鳥をおとずれた私たちは、たとえば石舞台から板蓋宮跡、飛鳥大仏へとわずかな史跡を求めて道をたどりながら、渡る風に、流れる水に、そして路傍の草花を通じて万葉の昔に思いをはせ、歴史を追体験するのである。飛鳥にあっては、道は点と点をつなぐ通路であるだけでなく、思索の場であり、重要な景観の一つでもある。

思索の道といえば、哲学者・西田幾多郎ゆかりの「哲学の道」が名高い。京都市左京区にある疏水沿いの桜並木の小道は、いまやその名のいわれも知らない若い人たちが、そぞろ歩きを楽しむ。中山道の宿場の面影を伝える長野県の馬籠《まごめ》や妻籠《つまご》。一度訪れるといつまでも脳裏に残るこうした道は、このほかにも各地に多い。しかし、残念なことに飛鳥にはそんな道はないといいきっていい。

飛鳥保存が大きな話題を呼んでいたころ、自然景観の凍結案もあった。その中で、新設道路や道幅の拡張は許可すべきでないという考えもでたが、住民無視の保存策として村民のはげしい反発にあった。明日香村が、現実に暮らしの場であり、車社会に組み入れられているいま、車の通行が不便なままにほうっておくことは不可能である。だからといって、これまで行ってきたような他の市町村なみの道づくり施策でよかったかどうか。再考する必要がある。新設道路が遠くから眺めて景観を破壊しないようにと、配慮したところはあった。しかし、道そのものを景観をかたちづくる一つの要素としてとらえようという視点からの対策は、まだ十分にはないように思われる。

飛鳥ほどの古い歴史ももたず、住民の中で景観保存への関心など、それほど高まっていない一般の市町村のなかでも、いま、新しい町づくりのために「ストリート・ファニチャー」への工夫が盛んに試みられている。「ストリート・ファニチャー」というのは直訳すれば「道の家具」。電車・バスの待合所、公衆電話ボックスのような建造物からベンチ、街灯、郵便ポスト、くず入れ、ガードレールなどなどの屋外環境装置である。従来の機能主義一点ばりのものに造形美を加味した新しい用具をつくり、心なごむ街頭の生活空間をつくっていこうというわけである。それは単に美観という点からだけでなく、老人や身障者のための施設の改良や住民のいこいの場づくりにもつながる。巨大都市には、そこにふさわしいストリート・ファニチャーを、そして古都には古都にふさわしいものをというわけだ。

しゃれたデザインの電話ボックスは以前から観光地で目にしたものだが、まとまった空間の中でそれぞれの装置を統合的な視野に立って、景観に工夫をこらすことが眼目である。北海道旭川駅前の買物広場、大阪市阿倍野区の長池周辺にある「コミニティ道路」をはじめ、さまざまな規模のものが誕生している。例えば「コミニティ道路」の場合は、歩行者優先に設計されているにもかかわらず、ガードレールがない。そのかわり道路にジグザグをつけて、車がスピードをあげられないようにし、金属性のガードレールに代わるものとして、いきなデザインの車止めが点々と置かれている。

ひるがえって、明日香村の道路を考えてみよう。車道のデザインはこれでいいのか。歩道はどうか。ガードレールは。道路の色も工夫がいるのではないか。案内板は、信号は、そして野道のわきの側溝は。一つ一つを点検して、修景していけばすばらしい道が生まれることは疑いない。今後の課題であろう。

もっとも、飛鳥でも史跡地や公園でのストリート・ファニチャーへの工夫は進んできた。柱跡や基壇などの地下遺構をどのようにして参観者たちに理解してもらうか。そのための装置づくりにはかなり注意が払われており、その努力は十分にかいたい。だが、一度設置したら、それでこと足りるという発想になってしまっていないだろうか。遺構の柱跡をしのばせるのは、コンクリート円柱でいいのか、石に似せたプラスチック製の模型でいいのか。多くの人々の意見を集めて、次の整備工事に生かそうという姿勢には、まだ遠いようだ。

昭和四十五年に飛鳥保存運動が高まって以来、私は一新聞記者として「飛鳥を守れ」のキャンペーンに少なからぬかかわりを持ってきた。いまその動きをふりかえってみて、村民の暮らしを考慮した「明日香村特別措置法」を含め、これまでの保存政策には高い評価が与えられると思う。だが、その中でいまだに心残りなのは、ストリート・ファニチャーを含めた「修景」への立ち上がりの遅いことである。電柱を全部撤去し、アスファルト道路をすべてやめにして、昔風の家並みに戻して…など、できればそれにこしたことはないにしても、それを要求するのは無理というものだ。飛鳥へもたびたび訪れ、民家を描いて右に出るものはないといわれる向井潤吉画伯の風景画の中では、電柱は少しも景観美の邪魔をしていない。電柱だって、町なみのアクセントとして役立つことがあるのかもしれない。問題は造形美のあるなしである。

景観美を考えたうえでのストリート・ファニチャーであれば、私たちの視界に違和感を感じさせないはずだ。例えば大阪の御堂筋を考えてもいい。車の少ない朝、散歩したりすると、他府県から来た人は大阪にもこんなところが、と目を丸くする。なかでも、大阪駅前再開発地域に建てられた、第三・第四ビル沿いの区間などは、広い道路と高層ビルの空間に誕生した景観モデル地区といえそうだ。十分でないにしても、造形美の追求に大きな努力が払われているからである。

飛鳥の「道」の修景は、何も昔の再生でなくてもいい。幸か不幸か復元すべき規準のない飛鳥では、これでなければという定まったデザインはない。それぞれの道の景観にマッチしたものであればいい。京都を訪れる観光客に大変人気のある、東山山麓の産寧坂も一つの参考になる。この町なみをよく観察すると、近代的建材の象徴のような、大きな一枚ものの窓ガラスを使った店が多い。店内デザインは繁華街と変わらない。「文化財的建築」という意味では失格であるにしても、大変落ちついた美しい町なみとして、評価されている。暮らしの近代化と古い町なみの保存というギリギリの接点で見つけた知恵である。

飛鳥保存はそのレールが敷かれ、今後、おそらくは目を覆う破壊はおこらないだろう。乱開発阻止の対策が備わり、それに伴う村民の生活補償のシステムもなんとか目鼻がついた。これからは、ストリート・ファニチャーの工夫のような、視点を変えた方向からの見直しで、次代の明日香村づくりをしていくべき段階に来ている。それは観光客のためだけではない。村人の暮らしの向上にも役立つのだ。ストリート・ファニチャーに限っていえば、明日香村で実験を繰り返し、他の地域のモデルとなるものを生み出して欲しいと思う。

（高橋徹・朝日新聞大阪本社・学芸部次長）

（季刊『明日香風』第九号、一九八三年十一月、飛鳥保存財団刊）

【解説】

寺尾さんは、国の主導で行われる飛鳥保存事業を、手放しで喜んでいたわけではないように思えた。ブルドーザーによる保存だ、土建保存だなどと痛烈な批判を口にしたのを覚えているが、乱開発から免れてほっとしていたのかもしれない。『古都保存法三十年史』（一九九七年、古都保存財団刊）に掲載されたこの文には「明日香村特別措置法が制定されて十五年、行政はみごとに善処した」という文言がある。一番心にかけていたのは明日香村特別措置法の制定、つまり、保存で犠牲を強いる代償として、村人にプラスをもたらす同法ができたことをだれよりも喜んでおり、それがこの表現になったのだろうか。ただ末尾に、回りくどい表現ではあるが、「農業立村」こそが明日香村の未来であるというメッセージをはさんでいる。

古代への虹の懸橋《かけはし》
大仏殿裏参道―春日山

大和では、どこから歩き始めても第一歩が自ら第二歩を決めてくる天に即する霊妙な秩序と連続を内包する。彷徨のロゴス。古都を歩く足の地霊感覚。保存とは、これを好きなところから勝手に食い散らす破壊と開発への懸命な防衛である。

東大寺大仏殿の裏参道。古代を偲ぶ静寂の吹き溜まり。天平の雲流れる戒壇院。校倉のたたずまいをかいま見る正倉院。礎石群散在する講堂跡。石畳と土塀の二月堂への坂道。音と火の行法お水取りの影絵が浮上する。ここは春日山歴史的風土特別保存地区であることさえ忘却の彼方に消える温雅凄絶の廃虚である。しかし一度巨大と栄光に輝く南大門表参道に迂回すれば、道に食《は》み出る観光客に遭遇。雑踏と俗化。華麗な「表」と陰翳の「裏」。権力の栄光と求道の清澄。これは古都保存の宿命。この対時を渾然と融和統合青垣山の緑。春日山原生林の生態のかもし出される古都のたたずまいに攝取されたのが古都保存法第一条、第二条の示唆する神髄であろうか。

まぼろしは消えるか―山の辺の道

いつのまにか道に迷ってしまった。尋ねる人もいない。せせらぎに水車の鈍い音を響かせて静まり返っている。雲の影を山に落としてゆく。いつとはなしに幽棲の雰囲気に誘惑されて虚空の時間が流れる。連続する山並みの傾斜面に寄り添う緑に、田園地帯が点在する農村、集落、古墳、神社。伝承、神話のしみこむ日本最古の曲線蛇行の道。大和の幻想的シルエットとして揺らめく。息をしている歴史的自然風景のパノラマ的眺望として顕現凝縮したエリア。

かつて古代人の足で踏み固められ、己がいとしい人の歩いた道の跡を縋り求めたが「あともなくこそかき消え」た古代形見の道。ダダイスト坂口安吾でさえ、ここを歩いて「まぼろしさ、すべての時間は」と感動し、人麻呂は「水泡《みなわ》のごとし世の人われは」と感慨を残した。神々の遊びの庭でもある。額田王は「三輪山をしかも隠すか雲だにも心あらなも隠さふべしや」と三輪山の姿をこの道から見ることが出来なくなる愛惜の思いに後髪を引かれた。しかし古都も現在と共存するため、この地区に近接して異物侵入の気配が現れはじめた。

この道のいのちである「はかなさ」「もろさ」「こわれやすさ」をかき消されないため、古都保存法への嘱望は切なる悲願である。虚に居て實を行うべし。

古都はわが心のなかに──斑鳩

斑鳩野と田園と民家集落を吹き抜ける古代の風と戯れ、雲と語りながら逍遥する。光の束が一点に向かって集中するように、風の裂け目から哀愁しみ渡る中宮寺観音の幻影が隠顕浮上する。まもなく観音は変貌して、しめやかな大和の山河の風景に蜃気楼のように昇華する。ダブルイメージによるやさしい大和の自然との再会である。

法隆寺百済観音と会う。剥落による魅惑の頂点に達し、静かに燃ゆる焔の影。ふと焼跡の美学、焼損壁画の蠱惑。

法隆寺の近くに取り残されたようにひそかに溜息をつく大和集落の、独自の「うだつ」の立つ歴史の重みにひしかれた疲労の影を落とす古い民家の屋根。そこには大和の壮麗な堂塔伽藍に見られない、くさむらの中に生きる人々の倦怠愉悦が、その体温と共に立ちのぼっている。皹《ひび》割れた築地の西里の路地のはざまから、かいまみる五重塔を仰ぐと泥の中の夜明けに生きた聖徳太子の孤独の面影が照応する。これら斑鳩点景を連想構成すると、心の中にいかるが古都景観が渾然と響き合って顕現する。

古都保存は昔からまたは外から作られた風土ではなく、私たち心の中に自らがつむぎ出す終わりなき営みである。

泥の思い出―明日香

「土の上を歩けばカッカッと古代の亡霊が呼べば答える」「昼寝の村は眞夜中のようにしんとしていた」「どこからか糠の匂がしてくる」「采女の袖吹きかえす明日風」「山高み川とほしろし」

虚と実のゆらめく明日香の幻想を、かつてはこのように語りつがれた。そして「こころあれこそ波《なみ》たてざらめ」とひたすら祈った。古代史の謎をはらむ地下埋蔵物。牧歌的田園。旧集落、巨石、遺跡、宮跡。これらが眺望と変化に富んだ山裾に囲まれていた。しかし時代の波、開発、破壊、荒廃に襲撃され、危機に直面した。明日香村特別措置法が制定されて十五年、行政はみごとに善処した。

山ふところの安らかな片隅、飛鳥の里を歩けば古代が踊ってその生命の温かさが残されている。時には古い社寺を子供のように抱きかかえている。岡寺もその一つである。何の変哲もない村里の風景。われわれの祝先が「東に美しき地あり」と荒野を逃れ、やまと（山間処《やまと》）を思慕し続けて達した安らぎの地である。ここに生まれ育った人々はわが田を数えながら生き、その隣に続く田んぼにも、じじばばにもつながる様々の泥の思い出がこめられている。訪れる旅人も、いつとはなくこのような風土に抱かれてしまう。飛鳥の土には人を憩わせる不思議な魔力と古代への虹の懸橋が秘められている。

しかし現在の飛鳥では農業、農村の衰退による「土」の喪失の兆が、明日香の景観の核である古代の「影」を悪魔に売り渡し始めた。飛鳥の「影」である土をしっかりと握りしめよ。

（『古都保存法三十年史』一九九七年三月、古都保存財団刊）

あとがき

本書は「飛鳥保存に尽力した」と新聞の訃報で紹介された（二〇〇二年一〇月）美学者、寺尾勇さん（一九〇七〜二〇〇二）が、飛鳥地方や明日香村に関して、執筆された文章をもとに構成したものである。

寺尾さんは、今から四十年前の一九七〇年春、全国的な話題となった飛鳥保存運動を盛り上げる重要な役割を務めた一人であった。「万葉の古里」として知られた飛鳥地方に、開発の波が押し寄せたことに危機感を抱いた文化人たちが、「飛鳥古京を守る会」を組織したことで、保存運動が始まったのである。

会長の末永雅雄さん（当時、奈良県立橿原考古学研究所所長）は、考古学界の重鎮（後に文化勲章受章）で、意見を求められれば飛鳥保存の意義を語ることもあったが、どちらかといえば研究一筋の学究肌で、話をするのは得意ではなかった。同会には古代史、建築史、美術史、文学などを専攻する数多くの著名な学者たちが名を連ねていたが、そんななかで唯一積極的に「プロパガンダ」の役割を果たしたのが、寺尾さんだった。当時は奈良教育大学教授で、奈良市に住み、飛鳥地方を含めた古都などの保存を検討する、歴史的風土審議会専門委員であったことから、必然的に「飛鳥保存」を力説する広報マン的な役割が回ってきたのであった。一九七三年に定年を迎え、居を神戸市に移した後も、一九九二年まで歴史的風土審議会の専門委員を引き受け、亡くなる直前まで財団法人飛鳥保存財団の評議員会議長として、飛鳥にかかわりつづけた。それは「飛鳥が好き」の一語に尽きる。

飛鳥保存の運動が沸き起こってから四十年、遺跡の発掘調査や文献研究などによる飛鳥研究も飛躍的に進んだ。保存事業もそうした学問的な成果を次々と取り込んで、進んでいるように思われる。もちろん、飛鳥の景観が今のように保存されているのは特定の人物の力によるものではない。だが寺尾さんが果たした役割は決して無視できないだろう。

寺尾さんは飛鳥保存運動が高まったころ、メディアの取材もしばしばで、新聞雑誌の寄稿も数多く、『飛鳥の里』『飛鳥歴史散歩』などの単行本も刊行した。しかし、単行本は飛鳥への思いを歴史や万葉集をからめて紹介したものが中心で、飛鳥保存そのものに触れた部分は少ない。その点、新聞雑誌などへの寄稿文には、飛鳥保存そのものについて述べたものが多く、本書はそれらを集めて編集したものである。

とはいえ、残念なことに本人は、新聞雑誌に寄稿したものを整理して残すことにそれほど熱心でなかったらしく、ご遺族のもとにも、わずかに残っているだけだった。そこで寺尾さんと交友のあった方を訪ねたり、図書館などで調べたりもした。しかし、抜け落ちているものがまだまだありそうだ。それでも、なんとか当初の目的の「寺尾勇という人物を通じて、飛鳥保存とは何だったのか」について考える、基礎資料となるものができたのではないかと思っている。

本書を編集するにあたって、ご協力いただいた安田暎胤・薬師寺長老、青山茂・帝塚山短大名誉教授、千田稔・国際日本文化研究センター名誉教授／奈良県立図書情報館館長、菅谷文則・奈良県立橿原考古学研究所所長、関義清・奈良県明日香村村長、さらには西川幸治・京都大学名誉教授／国際日本文化研究センター客員教授、そして林彰・朝日旅行社員さんに感謝します。また、フロンティアエイジの仲間の上田幹代さん、若林佐和子さんに大変お世話になりました。

二〇一〇年初春

高橋　徹

寺尾 勇（てらお・いさむ）略歴

1907（明治40）年11月17日東京都生まれ。本籍 兵庫県神戸市須磨区桜木町37番

1925（大正14）年４月 甲南高校文科乙類入学

1928（昭和３）年３月 同卒業

４月 京都帝国大学文学部哲学科入学

1931（昭和６）年３月 同卒業

４月 京都帝国大学文学部大学院研究科入学（指導教官・田辺元）

1936（昭和11）年４月 同修了

1942（昭和17）年６月 奈良県視学（県学務課勤務）

1943（昭和18）年３月 奈良師範学校教諭

６月 奈良師範学校教授

1948（昭和23）年４月 大谷大学教授

1949（昭和24）年６月 奈良学芸大学教授（1966年４月、奈良教育大学と名称変更）

1958（昭和31）年12月 奈良県観光新聞創刊。編集ブレーンとなる。

1966（昭和41）年12月 総理府歴史的風土審議会専門委員となり、「飛鳥保存計画」を提案。また、総理府観光政策審議会専門委員として答申「観光の現代的意義と方向」に参画。

1973（昭和48）年３月 奈良教育大学定年退職

1998（平成10）年12月６日 21年間に計243回に及ぶ朝日旅行会主催「古寺交響詩」を終了。

2002（平成14）年10月３日 死去

著書

『飛鳥彫刻細見』（丸善）、『哲学するこゝろ』（梧桐書院）、『ほろびゆく大和』（創元社）、『奈良散歩』（創元社）、『いかるがの心』（創元社）、『古寺細見 ほろびの美』（日本資料刊行会）、『美の論理』（創元社）、『飛鳥の里』（朝日新聞社）、『飛鳥歴史散歩』（創元社）、『女人黙示録』（創元社）、『大和古寺幻想』（東方出版）、『大和路心景』（創元社）、『我輩はモリアオガエルである』（文芸社）など。

協力

［カバー装画・扉絵］

若林佐和子

京都芸術短期大学（現京都造形大学）で洋画を専攻。デザイン・企画会社でファンシーキャラクターデザイナーとして勤務、現在はフロンティアエイジ編集委員。

フロンティアエイジ

活字が大好きな新聞記者や旅行会社OBが集まり、2006年４月に創刊したシニア情報紙。近畿一円に92万部を朝日新聞に折り込んで配布。

編 集 多賀谷典子・道川龍太郎

高橋 徹

……たかはし・とおる……

1938（昭和13）年、大分県臼杵市生まれ。
1963年 京都大学農学部農林経済学科卒。
1998年 朝日新聞社定年退職。
現在はフロンティアエイジ編集委員。

主な著書

『明石原人の発見—聞き書き・直良信夫伝』（朝日新聞社、1977年）
『古代史を変える—考古学記事をどう読むか』（講談社、1979年）
『道教と日本の宮都—桓武天皇と遷都をめぐる謎』（人文書院、1991年）
『発掘された『万葉集』の謎—宮殿から信仰まで遺跡が語る万葉時代の実像』
（日本文芸社、1994年）
『三蔵法師のシルクロード』（朝日新聞社、1999年）
『古代への遠近法—考古学記者のファイルから』（NHKブックス、1998年）
『卑弥呼の居場所 狗邪韓国から大和へ』（NHKブックス、2001年）など多数。

風の人——
寺尾勇と飛鳥保存

発行 二〇一〇年三月七日 初版第一刷発行

編著者 高橋 徹 &フロンティアエイジ

発行者 道川文夫

発行所 人文書館
〒一五一—〇〇六四
東京都渋谷区上原一丁目四七番五号
電話 〇三—五四五三—二〇〇一（編集）
〇三—五四五三—二〇一一（営業）
電送 〇三—五四五三—二〇〇四
http://www.zinbun-shokan.co.jp

ブックデザイン 仁川範子

印刷・製本 信毎書籍印刷株式会社

乱丁・落丁本は、ご面倒ですが小社読者係宛にお送り下さい。
送料は小社負担にてお取替えいたします。

ISBN 978-4-903174-24-2
Printed in Japan

人文書館の本

＊歴史変革の尖端に立つ！

「竜馬」という日本人 —司馬遼太郎が描いたこと

高橋誠一郎 著

歴史文学者として、文明史家として、そして独創的思想家として、この国の「かたち」と「ひとびとの心」を見つめ続けた司馬遼太郎。暗雲に覆われ、政治激動、経済沈淪の続く「閉塞した時代」、こころの歪み著しい「虚無の時代」を、私たちはどう生きるのか。国民的歴史小説『竜馬がゆく』や『世に棲む日日』、『花神』、そして『菜の花の沖』などを、比較文学・比較文明学者が、司馬遼太郎の人間学的空間のなかで精細に読み解き、日本とは、そして日本人とは何かを問いなおす！

四六判上製三九六頁　定価二九四〇円

＊農業とは人類普遍の文明である。

文化としての農業／文明としての食料

末原達郎 著

農の本源を求めて！　日本農業の前途は厳しい。美しい農村とはなにか。日本のムラを、どうするのか。減反政策問題や食料自給率、食の安全の見直しをどうするのか。緊要な課題としての農業と地域社会の再生を考える！アフリカの大地を、日本のムラ社会を、踏査し続けてきた、気鋭の農学・農業人類学者による、清新な農業文化論！

四六判上製二八〇頁　定価二九四〇円

＊米山俊直の最終講義

「日本」とはなにか—文明の時間と文化の時間

米山俊直 著

本書は「今、ここ」あるいは生活世界の時間（せいぜい一〇〇年）を基盤とした人類学のフィールド的思考と、数千年の時間の経過を想像する文明学的発想とを、人々の生活の営為を機軸にして総合的に論ずるユニークな実験である。そこでは、たとえば人類史における都市性の始源について、自身が調査した東部ザイールの山村の定期市と五千五百年前の三内丸山遺跡にみられる生活痕とを重ね合わせながら興味深い想像が導き出される。人類学のフィールドの微細な文化変容と悠久の時代の文明史が混交しながら独特の世界を築き上げた秀逸な日本論。

四六判上製二八八頁　定価二六二五円

＊今ここに生きて在ること。

木が人になり、人が木になる。—アニミズムと今日

第十六回南方熊楠賞受賞

岩田慶治 著

自然に融けこむ精霊や樹木崇拝の信仰など、民族文化の多様な姿を通して、東洋的世界における人間の営為を捉え直し、人間の存在そのものを問いつめ、そこから人生の奥深い意味を汲み取ろうとする。自然の万物、森羅万象の中から、根源的な宗教感覚を、現代に蘇らせる、独創的思想家の卓抜な論理と絶妙な修辞！

A5変形判二六四頁　定価二三一〇円

人文書館の本

＊春は花に宿り、人は春に逢う。

生命「いのち」の哲学 ―〈生きる〉とは何かということ

小林道憲 著

私たちの“生”の有り様、生存と実存を哲学する！
政治も経済も揺らぎ続け、生の危うさを孕（はら）む「混迷の時代」「不安な時代」を、どう生きるのか。
海図なき羅針盤なき「漂流の時代」、文明の歪み著しい「異様な時代」を、どのように生きるべきなのだろうか。
今こそ生命を大事にする哲学が求められている。生きとし生けるものは、宇宙の根源的生命の場に、生かされて生きているのだから。私たちは如何にして、自律・自立して生きるのか。

四六判上製二五六頁　定価二五二〇円

＊スミスとギボンは、かくの如く語りき。

アメリカ〈帝国〉の苦境 ―国際秩序のルールをどう創るのか

ハロルド・ジェイムズ 著　小林章夫 訳

アメリカ再生は、どう計られるのか！　一七七六年、アメリカ建国と、時を同じくして書かれたアダム・スミスの『国富論』、エドワード・ギボンの『ローマ帝国衰亡史』に立ち返り、気鋭の経済史家・国際政治学者の精緻な分析によるあるべき「精神の見取り図」（historical and economic perspective）を示す。「エンパイア」の罠から抜け出し、敢行しなければならない「デューティ＝義務」とは何なのか！「アメリカの世紀」の終わりと始まり。新たな責任の時代とは！

四六判上製二九六頁　定価二五〇〇円

＊西洋絵画の最高峰レンブラントとユダヤ人の情景。

レンブラントのユダヤ人 ―物語・形象・魂

スティーヴン・ナドラー 著　有木宏二 訳

レンブラントとユダヤの人々については、伝奇的な神話が流布しているが、本書はレンブラントを取り巻き、ときに彼を支えていたユダヤの隣人たちをめぐる社会的な力学、文化的情況を追いながら、「レンブラント神話」の虚実を明らかにする。さらには稀世の画家の油彩画、銅版画、素描画、そして数多くの聖画の表現などを仔細に見ることによって、レンブラントの「魂の目覚めを待つ」芸術に接近する、十七世紀オランダ市民国家のひそやかな跫音の中で。ユダヤ人への愛、はじまりとしてのレンブラント！

四六判上製四八〇頁　定価七一四〇円

＊セザンヌがただ一人、師と仰いだカミーユ・ピサロの生涯と思想

第十六回吉田秀和賞受賞

ピサロ／砂の記憶 ―印象派の内なる闇

有木宏二 著

最強の「風景画家」。「感覚」（サンサシオン）の魔術師、カミーユ・ピサロとはなにものか。そして印象派とは何なのか。――本物の印象主義とは、客観的観察の唯一純粋な理論である。それは、夢を、自由を、崇高さを、さらには芸術を偉大にするいっさいを失わず、人々を青白く呆然とさせ、安易に感傷に耽らせる誇張を持たない。――来るべき世界の可能性を拓くために――。気鋭の美術史家による渾身の労作！

Ａ５判上製五二〇頁　定価八八二〇円

定価は消費税込です。（二〇一〇年三月現在）